生活中的数学

韩玉娟　编著

中国财经出版传媒集团

图书在版编目（CIP）数据

生活中的数学／韩玉娟编著．--北京：经济科学出版社，2023.8（2024.8重印）
ISBN 978-7-5218-4935-6

Ⅰ．①生… Ⅱ．①韩… Ⅲ．①数学-普及读物 Ⅳ．①O1-49

中国国家版本馆CIP数据核字（2023）第129306号

责任编辑：周胜婷
责任校对：李 建
责任印制：张佳裕

生活中的数学
韩玉娟 编著
经济科学出版社出版、发行 新华书店经销
社址：北京市海淀区阜成路甲28号 邮编：100142
总编部电话：010-88191217 发行部电话：010-88191522
网址：www.esp.com.cn
电子邮箱：esp@esp.com.cn
天猫网店：经济科学出版社旗舰店
网址：http：//jjkxcbs.tmall.com
固安华明印业有限公司印装
710×1000 16开 14.25印张 220000字
2023年8月第1版 2024年8月第3次印刷
ISBN 978-7-5218-4935-6 定价：45.00元
（图书出现印装问题，本社负责调换。电话：010-88191545）

PREFACE 前言

“道生一，一生二，二生三，三生万物。”（《道德经》）

在数学家眼里，“道”是什么？“道”被赋予了另一角色，“道”就是数学，数学家用数学眼光看待万事万物，寻求自然密码。

数学之“道”尽在生活。海底里，珊瑚虫随身携带着精确“日历”，在身上一天刻画一条环纹，一年便刻下365条环纹，它是自然界当之无愧的代数“冠军”。陆地上，鼹鼠挖隧道时总能够沿着直角90°转弯；蜜蜂巢穴是令人叹为观止的正六棱柱，蜜蜂每天早晨在太阳正好升到地平线30°时外出侦查蜜源，它们是自然界最精准的几何专家！天空中，丹顶鹤群排成“人”字形队列，始终保持夹角110°，前进方向为夹角分角线略偏一些的54°44′8″，正好与金刚石晶体棱角相吻合。生活中到处存在着数学之“道”，我们要善于发现这些美妙和惊奇，用数学看待和解释它们。

数学之“道”为敢于创新应用。蜂巢启示研制出轻便、隔音、隔热的蜂窝结构，广泛用于航空航天工程，正是蜂窝结构助力人类迈入太空。二进制创造了计算机与网络时代，信息快速传播与共享，让我们感受到“世界是平的”。数学不以理论作为终结，在其发展创造中应用越来越广泛。

数学之“道”在于兴趣。孔子曾说过：“知之者不如好之者，好之者不如乐之者。”兴趣是最好的老师，培养学生兴趣需要引导学习，获得源于内心的真正动力。另外，数学兴趣不仅来自数学，还融合哲学、美学等，因此数学兴趣是一种综合体，如许多数学家也是著名哲学家、艺术家等。

根据党的二十大精神，“实践没有止境，理论创新也没有止境”，本书“同中华优秀传统文化相结合”，“坚定历史自信、文化自信”，“坚持古为今用、推陈出新”，推动实现人人都可以发现身边的数学，在生活中应用数学。同时为了更好地展示实际应用，书中插入了相关图片。其中，未加注来源的图片，均为笔者自己拍摄、绘制或已经取得了该图片在本书中的使用权。

在本书创作过程中，笔者吸纳了同仁、专家提出的宝贵意见，得到出版社编辑的大力支持和帮助，在此一并表示感谢！

由于作者水平有限，书中定有不成熟的地方，敬请大家批评指正！

CONTENTS 目录

第七章

第八章

第九章

第一章

最优化

自然界似乎有一种神奇的力量，总在默默地指导着一切，让我们随时随地感受它的存在。当我们感知周边世界，探索和追寻其隐含的奥妙时，总会由衷地发出感叹和欣喜，感叹大自然的鬼斧神工，欣喜我们能发现这些。在这神奇的世界里，我们不能忽视和需要关注的一点，就是大自然的最优化功能，正如蜜蜂蜂巢的正六边形选择。也许正是那神奇的力量才能勾画出这样一幅最优的方案，让科学家和世人无可挑剔的方案。

大自然给我们展开的这一幅最优世界，如果用概念来描述，笔者认为，借用全国科学技术名词审定委员会审定公布的“最优化理论”（optimality theory）很精准和贴切，即：自然选择总是倾向于使动物最有效地传递其基因，因而也是最有效地从事各种活动，包括使它们活动时的时间分配和能量利用达到最佳状态。许多科学家研究这些最优状态，希望能够破译这些最优中的密码。

在对自然界的探索过程中，科学家将大自然这些令人赞叹的现象进行总结和分析，提出了“最优化”原理，希望指导人类自身获得最佳的方案和进行最佳的选择。早期的数学家也对最优化展开许多研究，并获得一定结论，其中就有著名的黄金分割比理论。早在公元前500年，古希腊科学家毕达哥拉斯就发现了黄金长方形，即长∶宽 =1.618，称为黄金分割比。这一比例被发现在自然界中广泛存在，后来被应用在建筑、美术和绘画等方面，也被视为最美、最协调的比例。

现如今，最优化发展成为应用数学中的一个重要分支。科学家不仅挖掘自然界中的最优化，同时希望通过建模和分析等最优化技术，寻求与获得实际问题解决方案中的最优方案。目前，用最优化技术解决实际问题通常可分为以下三步进行。

（1）根据所提出的最优化问题，建立解决最优化问题的数学模型。这时需要确定变量，分析和列出可能出现的约束条件和目标函数。

（2）根据已建立的数学模型进行具体的分析和研究，选择合适的最优化方法。

（3）算法不同也会影响最后的结果。根据优化的算法求出最优解，并分析和评价算法的收敛性、通用性、简便性以及计算效率和误差等。

最优化问题在大自然和生活中无处不在，且影响广泛。但这并不意味着人们已经明了如何选择最优化的方案。对于大自然中的许多神秘现象，人们还没有真正了解其原因；生活中的许多问题也并没有找到最优解决方案。也许正如广告词中所形容的“没有最好，只有更好”，许多问题依然处于寻觅最优化的过程中。

下面让我们看看身边的一些最优化案例。

神奇的天然建筑物——蜂巢

蜂巢

（拍摄人：Andreykuzmin）

蜜蜂

“两只小蜜蜂啊，飞在花丛中啊”，不论是行酒令，还是风靡一时的歌曲《两只小蜜蜂》，都给人们留下极深的印象。这些印象不仅是传统文化和快乐，还有那让人津津乐道的关于蜜蜂的不同世界。

蜜蜂的蜂巢由正六棱柱叠加而成，正六棱柱的底面为正六边形。蜜蜂为什么选择正六边形呢？这里隐藏着大自然什么样的秘密？

分析所有边长相同的正多边形可以发现，在平面上“密铺”即衔接最紧密的只有正三角形、正四边形和正六边形这三种。密铺，也叫平面镶嵌，使用一些图形把一个有限平面不留空隙又不重叠地铺满，即要求在每个顶点处各角度之和等于360°。按照密铺要求验证，正三角形每个内角是60°，所以在任意一顶点对接6个这样的角就是360°，形成密铺；正四边形每个内角为90°，在任意一顶点对接4个相同角得到360°，形成密铺；正六边形每个内角为120°，在任意一顶点对接3个相同角得到360°，形成密铺。但其他的正多边形就无法形成密铺。例如，正八边形每个内角为135°，两个角度对接为135°×2＝270°，相比360°还少90°；3个角度对接为135°×3＝405°，又大于360°，出现重叠。

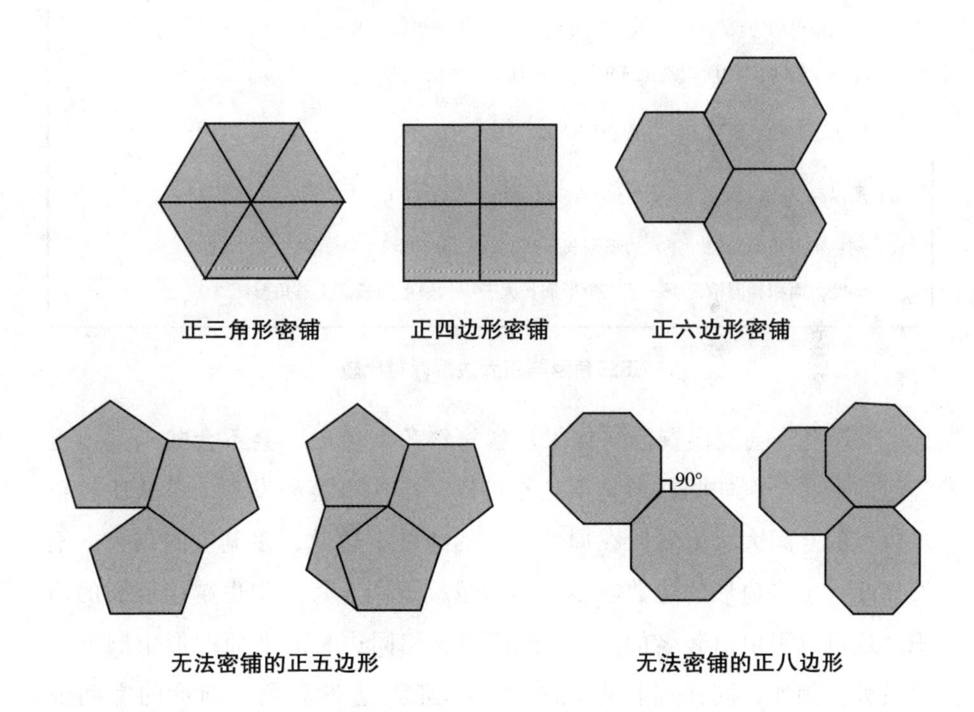

正三角形密铺　正四边形密铺　正六边形密铺

无法密铺的正五边形　无法密铺的正八边形

在正三角形、正四边形和正六边形这三种可以紧密衔接形成密铺的图形中，蜜蜂最终选择正六边形，必定有其不可忽视的优势。比较三者来看，正三角形非常稳定，但如果形成相同空间的蜂巢，正三角形需要的材料比正六边形多。如果用正四边形，稳定性偏差，两侧不牢靠，遭受到外部力量时容易破坏。通过这样一比较，正六边形的优势最为明显，边角相互对接紧密，结构稳定；同时使用相对较少的材料获得较大空间，做到经济实用。

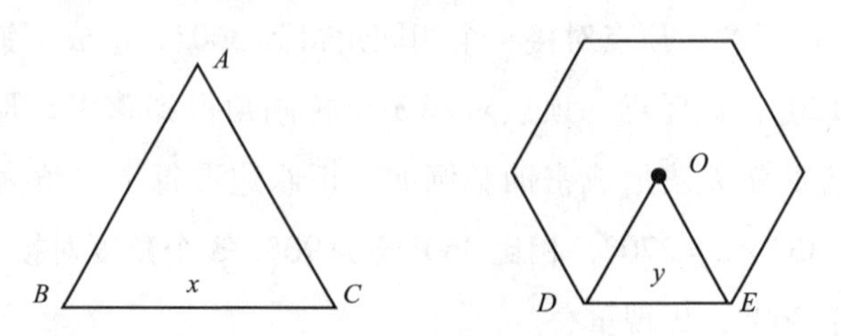

正三角形的边长为 x，正六边形边长为 y，若两者面积均为 S，则：

正三角形 ABC 的面积是正三角形 ODE 面积的六倍，即 $S_{\triangle ABC}=6S_{\triangle ODE}$。

因为正三角形面积 $S=\frac{1}{2}边长^2\sin 60°$，

所以有 $S_{\triangle ABC}:S_{\triangle ODE}=x^2:y^2=6:1$，即 $x:y=\sqrt{6}:1$，

则：正三角形周长：正六边形周长 $=3x:6y=\sqrt{6}:2>1$。

因此，面积相同情况下，正三角形周长大于正六边形周长，正三角形耗材多。

正三角形与正六边形耗材比较

也许有人会提出疑问，如果从省材料角度考虑，会不会找到其他也合适的形状？例如圆柱形是不是也可以？事实上容易发现，单从比较正多边形的空间大小来看，在周长一定的条件下边数越多其空间越大。不仅如此，正多边形的边数越多，形状越接近圆，其面积也越接近圆的面积。这也就引申出著名的“等周问题”，相同边长的平面图形中圆形面积最大。例如，同样周长做正六边形、正八边形和圆，圆形的空间最大，而正六边形的空间最小。但如果采用了圆形构建的圆柱形蜂巢，衔

接处会出现空隙，难以保证其结构的稳定性。通过多重因素分析，还是正六边形效率最好。

不仅因为图形的选择，蜜蜂才被称为“天才的数学家兼设计师”。经过数学家专门测量，蜂巢中每个蜂房体积几乎都是 $0.25cm^3$；在正六边形组成正六棱柱时，蜂巢底盘封闭由三个全等的菱形拼接，菱形中所有钝角都是 109°28′，所有锐角都是 70°32′。[①] 经过理论计算，这两个角度正是消耗最少材料时，制成最大菱形容器的角度；同时还确保蜂巢坚固。蜜蜂如此精细的工作实在令人惊叹，难怪达尔文称赞它为“天才的工程师”。

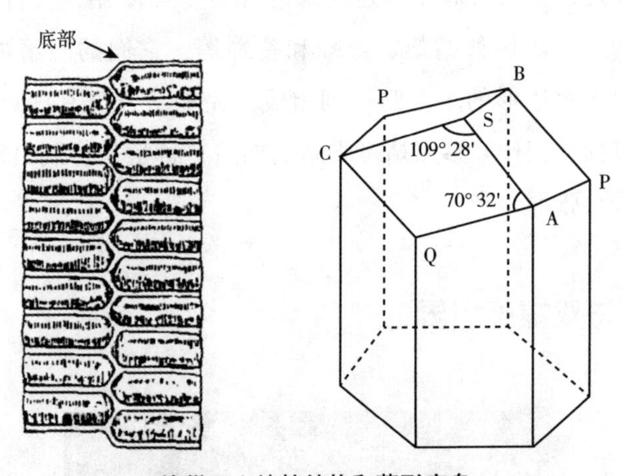

蜂巢正六棱柱结构和菱形底盘

资料来源：张楚廷．数学文化［M］．北京：高等教育出版社，2000：99。

没有人知道蜜蜂到底是如何想的，但聪明的蜜蜂真正做到了用最少的材料制造尽可能宽敞的空间，既美观又实用，并兼顾牢固性。如同蜂巢这种正六边形所排列的结构被统称为蜂窝结构，蜂窝结构被广泛应用于生活中。比如，飞机机翼的材料、人造卫星的机壁、蜂窝纸等，都应用蜂窝结构，因为这种结构不仅坚固、轻便、耐温性能好，而且节省材料。

① 张楚廷．数学文化［M］．北京：高等教育出版社，2000：99.

金属蜂窝板

（拍摄人：coddie）

科幻作品中蜂窝结构的宇宙飞船

（设计者：3000ad）

我们还发现，正六边形并不是蜜蜂的独有专利使用，大自然中还有许多正六边形的踪迹。例如蜻蜓、蜜蜂和苍蝇等，它们的眼睛被称为复眼，由成千上万只正六边形的小眼睛排列组成，完美结合没有缝隙，而且每只小眼睛都可以独立工作。参照蜻蜓眼睛的构造，科学家仿制出复眼照相机，一次能拍出千百张照片来。

DNA 与双螺旋世界

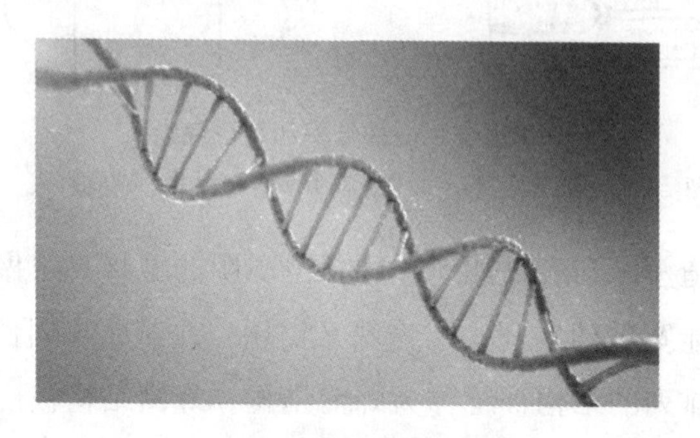

DNA 的双螺旋结构

（拍摄人：Usis）

在自然界中有一种普遍存在的形状——螺旋结构。究竟普遍存在于哪些地方呢？例如，古语“龙生龙，凤生凤”中所指能决定复制到二代的遗传物质 DNA，就存在螺旋结构，而且是双螺旋结构。在如今的科技时代，通过分析DNA和其双螺旋结构上所携带的信息，人们可以鉴定血缘关系、检测疾病和预测疾病风险等。

DNA双螺旋结构的发现，与相对论、量子力学一起被誉为20世纪自然科学领域最为重要的三大成就。1953年，在剑桥大学卡文迪许实验室，美国科学家沃森和英国科学家克里克发现DNA的双螺旋结构，自此分子生物学这一新兴学科正式诞生，揭开了生命科学的新篇章，开创了科学技术的新时代。①

随着生命科学世界的解密，双螺旋结构的存在范围被进一步挖掘。生物细胞中蛋白质、淀粉、纤维素等许多微型世界都存在这种双螺旋结构。究竟双螺旋结构有什么独特的魅力，能让大自然如此偏爱它?

有科学家通过建立模型做实验，对这一结构的存在给出一个定论。这位科学家是美国宾州大学的兰德尔·卡缅教授。实验所使用的材料是一根随意变形但不会断裂的管子，以及一个由硬的球体组成的混合物。实验过程是将这根管子浸入混合物内。整个过程中，混合物就像是十分拥挤的细胞空间，而管子恰恰是这个空间中的一个分子。通过实验发现，易变形的管子形成一个U形结构，从几何学来看，U形结构与双螺旋结构最为近似。不仅如此，这是一个所需能量最小、空间最少的结构。

卡缅分析实验结果时，给出类似如DNA的双螺旋结构的数学解释，“看来，分子中的螺旋结构是自然界中最佳地使用手中材料的一个例子。DNA由于受到细胞内的空间局限而采用双螺旋结构，就像是由于公寓空间局限而采用螺旋梯的设计一样”②。双螺旋结构一方面节省了空间，另一方面长度增加，在某种意义上，增加了能量储备空间。

只是遗憾的是，卡缅教授的这个解释仅仅是针对生物体的大分子为何采用双螺旋结构。自然界中的许多生物体，例如松果、向日葵、海螺等，也存在类似螺旋结构，但此种情况为什么会采用螺旋结构，依然是人类未

---

① 吴家睿. 打开“生命之书”——DNA双螺旋发现70周年记［J］. 生命科学，2023，35（3）：347－351.

② 东方晓. 生命为何偏爱螺旋结构［J］. 大科技（科学之谜），2005（8）：49－50.

能查明的未知世界，还需进一步研究。

在北京中关村，矗立着一座金色的DNA双螺旋雕塑，取名为“生命”。①这座雕塑，既是为了纪念双螺旋结构的发现，又是象征着中关村的创新精神，倡导要具有科学家勇于挑战及严肃认真的科学精神和品质。如今，这座双螺旋雕塑已被看作中关村的标志，见证着中关村的兴盛发展。

与双螺旋雕塑遥相呼应，一座“双螺旋”造型过街天桥飞架在中关村大街上。相同的造型设计，一脉相承的中关村生生不息的精神象征，沿着中关村大街贯穿其中。这座具有科技感、现代感的双螺旋天桥，承载着中关村人奋进向上的脚步，也成为中关村的新地标。

北京中关村双螺旋雕塑《生命》

（拍摄人：Bestviewstock）

北京中关村双螺旋造型过街天桥

（拍摄人：ndht2010）

纵观世界还有一处双螺旋的经典之作——新加坡双螺旋桥，它是世界上首座双螺旋人行桥。它坐落在新加坡滨海湾处，于2010年建成通行，是一座连接滨海中心和滨海湾的人行天桥，长280米，宽6米，可同时容纳16000人。大桥一经落成，就被誉为新加坡的又一座地标建筑。该桥设计人员正是受DNA双螺旋结构的启发，桥梁核心结构采用不锈钢钢管建造的两条螺旋曲线相互缠绕盘旋，体现“生命与延续、更新与成长”的

① 尹世昌，田峰．中关村的雕塑之光——《生命》[J]．中关村，2017（3）：108－109.

意义。双螺旋结构设计减少了大桥钢材的使用量，该桥的钢材用量只有传统箱式梁桥的$\frac{1}{5}$，可谓结构设计精巧！①

新加坡双螺旋桥

（拍摄人：Bestviewstock）

视野再回到国内。俗话说“蜀道难，难于上青天”。在四川西南崎岖险峻的崇山峻岭间盘旋着一条高速公路，连接雅安与西昌两市的雅西高速，为京昆高速公路的一部分，全长约 240 千米，创造七项世界之最，堪称是“世界奇迹”。

四川雅西高速公路

（拍摄人：Asean）

---

① 新加坡 DNA 双螺旋桥——建筑奇迹寓意生命起源［J］. 广西城镇建设，2012（1）：119.

这条高速路上，一座双螺旋大桥令人惊奇与感叹，它就是“干海子特大桥”，全长1811米，桥宽24.5米，共36跨，一举斩获了四个世界第一。它是世界上最长全钢管混凝土桁架梁公路桥；第一座最高的钢管混凝土格构桥墩、组合桥墩、混合桥墩；同类结构中每联最长的连续结构；第一次大桥的主体结构全部采用了钢纤维钢管混凝土施工，在世界桥梁建设史上也属首例。[①] 桥墩的材料不是普通混凝土，而是用混凝土浇灌的钢管衔接，实现减轻结构自重55%以上，桩基数量也减少近一半；桥面采用我国研制的超薄钢纤维混凝土浇筑，大大减轻了桥体重量。该桥牢固性强，桥墩和桥体的设计开创了柔性桥梁的先河，能够增强荷载和提升抗撕拉性，可以更好实现桥梁自我保护，不仅能承受数十吨载重汽车高速行驶的冲击力，而且能够避免地震损伤。[②]

这条高速路上位于栗子坪段内的双螺旋隧道也独具匠心，技术领先全球，也引发了世界广泛关注。它是从山脚下进入，绕山盘旋两圈，第一圈进入下半山腰的隧道，然后再绕山向上一圈进入上半山腰的隧道，形成了非常壮观的同一座山两条隧道的双螺旋隧道奇景。而采取双螺旋设计绝不是为了炫耀技术实力，而是恶劣的自然环境下的最优选择，能够解决高度差太大问题，达到削减落差，实现开车10分钟爬升300多米。而在以前翻越这座山却至少需要花费1个多小时。[③]

雅西高速双螺旋设计，是中国工程人的骄傲！

打印纸中的节约精神

纸张是中国古代四大发明之一，传统说法历来认可“东汉蔡伦发明造纸术”。但蔡伦是否为“造纸第一人”，在学术界中却存在一定的争议，因

---

① 郭鹤艺．缔造“中国跨度”［J］．交通建设与管理，2013（1）：44－45.

② 宋豪新．蜀道天梯越云端［N］．人民日报，2017－11－18（11）.

③ 崔丽媛．雅西高速公路：通向云端的“天梯”［J］．交通建设与管理，2015（13）：34－35.

为这决定着中国发明纸张的历史时间能否进一步提前。

提到纸张，我们不得不提到“纸中之王”宣纸，原产于宣州府（今安徽宣城）而得名。目前我国宣纸产地有3个，分别为安徽泾县、四川和浙江。宣纸得到“纸中之王”的美誉源于其具有“韧而能润、光而能滑、洁白稠密、纹理纯净、搓折无损、润墨性强”等特点。宣纸独特的渗透和润墨性能，不仅写字能“骨神兼备”，而且作画可“神采飞扬”，它是最能体现中国艺术风格的书画纸。而且正所谓“墨分五色”，利用宣纸的润墨性，书画家一方面控制水墨比例，一方面通过运笔疾徐有致达到艺术效果，即“一笔落成，深浅浓淡，纹理可见，墨韵清晰，层次分明”。但宣纸能享有此美誉，却不只靠这些，它还具有耐老化、不变色、少虫蛀、寿命长的特点，我国流传至今的大量古籍珍本和名家墨迹都是用的宣纸。因此，宣纸还有“千年寿纸”的美号。

宣纸虽然享有如此美誉，却不是我们今天日常生活中常用的纸张。随着现代技术的发展和社会需求，我们更常用和大量消耗的是打印纸。纸张的制作几乎全部用木材纤维，砍树几乎是全世界造纸的必然动作，因此节约用纸和环境保护势在必行。其实不仅节约用纸，本身在源头处，纸张的设计上也应该体现节约精神，而实际上也的确如此。

在国内，普遍使用的打印纸尺寸中有一套A系列标准尺寸，最知名的是A4纸张的尺寸标准。说到这套标准的起源，就必然提到以严谨著称的德国，最初这套标准于1922年被纳入德国标准化学会（DIN），编号为DIN476。后来这套标准被国际标准化组织的ISO 216所定义，并在全世界被大多数国家所采用，使用范围非常广泛。究竟这套标准如何规定？又如何体现节约纸张的优化意图？

A系列的原始纸称为A0。原始纸A0的规格是841mm×1189mm，精确面积为999949mm^2，近似于1000000mm^2即1m^2。通过原始纸A0，我们可以得到A系列纸张A1、A2、A3、A4、……、A10的标准尺寸。A1是将A0按长边对折后剪成一半得到，其中小数位要舍掉，即A1的标准尺寸为594mm×841mm。继续将A1按长边对折后取半获得A2，A2的标准尺寸为420mm×

594mm。以此类推获得 A3（297mm × 420mm）、A4（210mm × 297mm）。同时其命名规律是根据将 A0 对折次数而得，例如 A4 是对原始纸对折取半进行 4 次，A4 纸张的面积是 A0 纸张面积的$\frac{1}{2^4}$即$\frac{1}{16}$，故得名 A4。

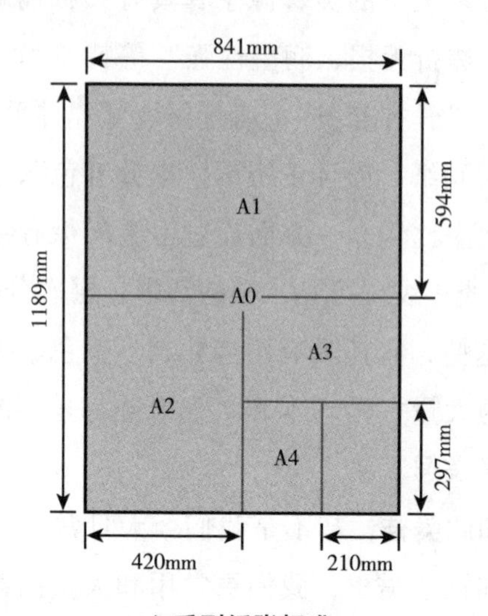

A 系列纸张标准

另外，这些数据中还隐藏着 A 系列纸张的一个重要秘密，所有 A 系列的标准尺寸均保持长宽比为 $1:\sqrt{2}\approx1:1.414$。正是 ISO 216 中保持 $1:\sqrt{2}$ 比率这一连贯系统的格式，才最大限度地体现了节约纸张。[①]这种统一格式使得放在一起的两张纸有相同的长宽比，或者更有相同的侧边，如此特性大大简化了很多事情和节约纸张。例如，打印机中的缩小放大功能中，两张 A4 标准纸可以缩放到一张 A4 纸，一张 A4 纸可以放大到一张 A3 纸上，两张 A4 纸可以影印到一张 A3 纸上，等等。这些尺寸可以重复地使用，或缩小或放大或一致，正是数学的实用性考虑和节约精神的体现。

实际上，ISO 216 除了定义 A 系列的标准尺寸外，还定义了 B、C 系列。B、C 系列纸张与 A 系列纸张取得相似。但我们用到的 B 系列由我国和日本

① 唐晓雯．“打印纸中的数学问题”探究活动的教学设计［J］．上海中学数学，2021（Z1）：87－91.

工业发展而来，其中原始纸 B0 的标准规格为 1000mm × 1414mm，面积为 1.4m²，与 A 系列一样的长宽比。将其对折后保持长宽比不变，依次获得 B 系列中 B1 ~ B10。C 系列纸张尺寸主要用于信封。

在 ISO 216 中，不仅 A、B、C 系列尺寸内部具有相关性，各组之间尺寸也存在相关性。B 系列纸张尺寸是 A 系列纸张编号相同和编号少一号的几何平均，C 系列纸张尺寸是 A、B 系列中编号相同纸张尺寸的几何平均。举例说明情况，B1 尺寸是 A1 与 A0 尺寸的几何平均，C3 尺寸是 B3 与 A3 尺寸的几何平均。

通过比较和查看，A4 纸张和 A 系列中的其他纸张，走的是实用路线，而不是类似黄金分割比的审美路线。通过比例一致设定和对半依次取得，充分体现有效利用资源的实用主义精神，充分做到既“合情”也“合理”。

这里需要补充一点，我们还常用的另外一个纸张标准体系 K 标准，例如常见的 16K、32K，也就是 16 开、32 开。K 标准里分为正度和大度，不论是哪一种，均是按国内一张原始纸或全张纸为计算单位，对折后全张纸裁切成多少小张就称多少开。我国习惯上对 K 标准以几何级数来命名，全张纸对折后的大小为对开，再对折裁切成 4 张为 4 开，再对折裁切成 8 张为 8 开，再对折裁切成 16 张为 16 开，再对折裁切成 32 张为 32 开，依此类推，得到 64 开、128 开等。

经济中的最值问题

生意场上有这样一句话——“在商言商”，做生意需要从商家立场和市场经济两个方面看问题。从经济利益角度考虑，商家希望降低成本，提高收入，最终实现利润上升，这也是商家和市场永远不可忽视的课题。在数学的构建理念中，有专门课题就是研究如何实现平均成本最小化、收入与利润最大化。

在什么样的情况下，可以实现平均成本最小？

对于判断者而言，首先通过建立模型等方法，建立企业的成本函数$C(q)$，其中q表示产量。然后，找到原理依据。可运用微积分学的求导运算和最值判定定理，即：实际问题中，如果导数为零的点或导数不存在的点唯一，则一定在此点处存在最大值或者最小值。最后，通过计算获得在某产量q_0时耗费平均成本最小。例如，某企业成本函数为$C(q)=100+6q+0.25q^2$，平均成本为$\overline{C}(q)=\frac{C(q)}{q}=\frac{100}{q}+0.25q+6$，通过求导计算$\overline{C}'(q)=-\frac{100}{q^2}+0.25$，令$\overline{C}'(q)=0$可以得到在$q_0=20$时平均成本最小。

关于成本最小或材料消耗最少在微积分学中有一道典型考题：当矩形（即长方形）面积S一定时，则长宽为多少时的矩形周长最小？同样运用导数运算与最值定理，可以获知当长宽均为$\sqrt{S}$的正方形时，周长最小。其意义在于，既保证面积又节约了材料。关于这个结论还存在一个著名典故——小欧拉智改羊圈。①

欧拉（Euler，1707—1783），瑞士数学家，在数论、几何学、天文数学、微积分等许多数学的分支领域取得出色成就，享有“数学之王”的美誉。小时候，欧拉帮助父亲放羊，是一位小牧童。他一边放羊一边读书，其中就有不少数学书。慢慢地，父亲的羊越来越多，有一天达到了100只。原来的羊圈变得有些小，不足以供这些羊使用了，需要建造一个新的更大的羊圈。欧拉的父亲量出一块长40米、宽15米的长方形土地，面积刚好为600平方米。这样一来，可以确保每只羊占地6平方米，且有足够的活动空间。正要建造时，却发现准备的材料不够用，只能围成100米长度的篱笆。欧拉的父亲想到两个解决方案，但都不满意。一种方案是按照原计划围成40米长、15米宽的长方形篱笆，需要周长$40\times2+15\times2=110$（米），意味着需要再增添10米材料；还有一种方案是在现有材料下建造篱笆，但会缩小面积，每只羊的面积将会小于6平方米。

聪明的小欧拉向父亲提议，他有一个两全其美的办法。一开始父亲不

---

① 欧拉智改羊圈［J］．新教育，2021（6）：61.

相信小欧拉有办法，但在小欧拉的坚持下，父亲同意让他试试。小欧拉一听父亲同意，马上实际操作起来。他以其中一根木桩为中心，将原来的40米长度缩短变成25米，将15米的延长增加10米也变成25米，这样一改，计划中的羊圈变成边长为25米的正方形。改好后，小欧拉很自信地对父亲汇报成果：“现在，篱笆材料也够了，面积也够了。”父亲由开始的着急和不相信，到最后十分满意。按照欧拉设计的篱笆，材料不多不少刚好用完，而且每只羊的面积有6.25平方米，比原先的面积还稍稍加大。

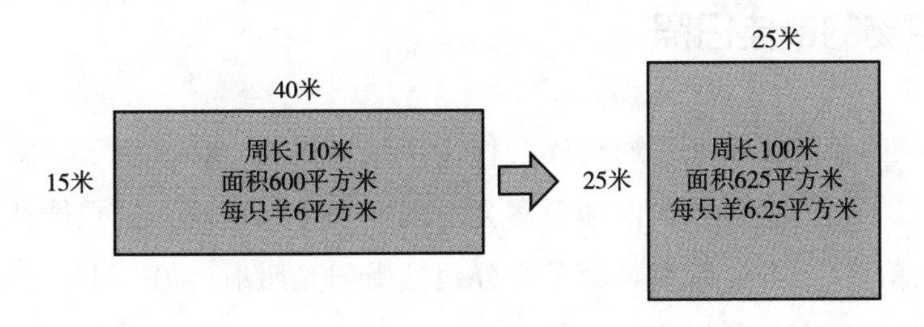

小欧拉智改羊圈

父亲看到欧拉这么聪明，希望他能多念些书。欧拉没有辜负父亲的期望，后来成为巴塞尔大学的学生。而且当时他年仅13岁，是这所大学里年龄最小的学生。

在现在的经济和市场环境下，对于商家而言，实现成本最小化是一种理论，其中不乏存在一些假定情况才能获得成本函数；另外，影响成本高低的因素很多，并不像围篱笆那么简单，真正获得最小成本需要进一步研究。实际中，人们更多是通过各种途径尽量降低成本，例如引进先进技术、提高效率、投入合理人员、设定合理薪资标准、提高设备性能等方法。20世纪六七十年代，日本丰田汽车公司提出“零库存”概念，[①] 正是降低成本的有效手段，如今在世界各地被广泛应用。“零库存”并不是不要储备或者没有储备，而是根据实际情况将原料或者商品分别流通于采购、生产、销

① 范琳，季畅．企业管理模式——零库存管理［J］．天津职业院校联合学报，2012（6）：89-90.

售或配送等一个或多个经营环节，以仓库储存形式的物品数量很低，甚至可以为“零”。“零”库存是一种特殊库存概念，是一种“及时管理与自动化”，“以必要的零件、在必要的时候、以必要的数量、达到生产工序”。零库存管理可以减少资金占用，加快资金周转，避免制造过程中的浪费及等候浪费等。“零库存”是一把双刃剑，一方面能减少成本，另一方面增加供应风险和管理要求，到底是选择零库存还是适量库存，则需要根据实际情况酌情判断。

植物的最佳日照

植物生长需要阳光，通过光合作用产生有机物，释放氧气。植物的叶子多为扁平，形状各异，仔细观察会发现叶子排列呈现一定规律性。植物如此选择，一个重要原因是为了充分地接受阳光照射，另一个重要原因是避免茎枝任何方向负荷过重。

那么，植物的叶子排列有哪些规律？

观察各种植物叶子的排列位置，会发现叶子在茎上有一定排列次序，称为叶序。叶序可用“旋转次数÷叶子数”计算表示。任意取一片叶子为起点，向上用线连接各片叶子的着生点，发现会形成一条螺旋线，盘旋而上，直到上方另一片叶子的着生点恰好与起点叶的着生点上下重叠，作为终点。获得从起点到终点之间螺旋线的绕茎次数（即旋转次数）和叶片数，而旋转次数又被称为叶序周。例如，榆树叶序为1/2，草莓叶序为1/3，竹子叶序为2/3，桃树叶序为2/5，柳树叶序为3/8，杏树叶序为5/13等。[①]在形成叶序的过程中，叶片在叶柄的支撑下伸展到空中，互不掩盖，尽量避免互相重叠，保证空气流通，这种现象被称为叶镶嵌。

---

① 申芳芳，张万里，李德志．植物叶序研究的源流与发展［J］．东北林业大学学报，2006(5)：83－86.

叶序 1/3

（拍摄人：nata-sabyna）

叶序 2/5

在叶序和叶镶嵌中，下面叶子要避免被上面叶子的遮挡。植物学家发现，叶序旋转过程中相邻两片叶子之间的角度大约为 137.5°，这是叶子采光和通风的最佳角度，能够承接最多的雨水。因此，角度 137.5°又有一个美称，被称为“黄金角”。[①] 乡村田间地头或路旁随处可见的美丽的车前草，它的叶片排列隐藏着黄金角 137.5°，确保每片叶子都可以最大限度获得阳光，有效提高光合作用的效率。甚至有美国设计师借鉴了车前草的叶子排列方式设计大楼，按照螺旋状呈现的高楼实现四季阳光充足。

不仅仅是叶子之间没有完全被遮挡，生机盎然的绿色植物为了调节采光，还藏有许多小秘密。

植物的向光性。植物的茎都有向阳光较强那边弯曲生长的现象，这就是植物的向光性。如果将一盆植物放在窗台上，经过一段时间生长，靠近窗户一边的叶子和茎要比另一边茂盛。提到向光性，不得不提到最典型的植物向日葵，因花盘会随着太阳转动而得名。实际上，向日葵的向光性并不是“常朝着太阳”。在发芽到花盘盛开之前这段时间，向日葵中有一种植物生长素，让叶子和花盘追随着太阳，东升西落。但这种追随并不如人们所想象的那么及时，花盘的方向落后太阳大约 12°，即 48 分钟；随着太阳

① 沈权民. 137.5°：奇妙的植物黄金角［J］. 科学 24 小时，2010（6）：25.

下山，花盘慢慢回摆，一直到大约凌晨3点钟，又朝向东方静静等待太阳升起，迎接新的一天。在花盘盛开时，东升西落地跟随太阳就结束了，花盘会固定朝向东方。向日葵最终面向东方的选择会是什么原因？有解释说与太阳光有关，是为了更好地繁衍。植物学家发现，一方面，向日葵的花粉不耐高温，温度不能高于30°，否则会被灼伤，而当花盘固定朝东，可以避免正午阳光直射温度过高；另一方面，早晨花盘向东接受阳光，有助于烘干露水，形成温暖的小窝，吸引昆虫传粉。实际上，向日葵中还隐藏着黄金角137.5°。观察向日葵花盘的果实排列，是按照一个恒定的弧度沿着螺旋轨迹发散，这个螺旋轨迹的弧度正是黄金角137.5°。小小向日葵追寻太阳，如此积极向上和朝气蓬勃的生存模式，被人们所喜爱。

向日葵

（拍摄人：Hutgi）

植物的睡眠。许多植物会随着夜晚来临，进入睡眠模式。例如，花生、合欢树、三叶草和羊角豆等在夜晚叶子合拢做睡觉状；当早晨见到阳光，叶子又再次苏醒，舒展着迎接美好的一天。植物选择叶子和花朵的夜间闭合，是为了减少热量散失和水分蒸腾，既保温又保湿。可实际上，植物不仅夜晚睡眠，还会进行午睡。炎炎夏日阳光强烈，许多植物为了减少水分流失和蒸腾作用，垂下叶子，关闭气孔，降低光合作用效率，开始午休时间。这类运动伴随着阳光、温度和湿度而选择进行。

不仅是小视角中一株株植物，放眼纵观森林，植物分布呈现高低错落，也是为了合理充分地争取每一缕阳光，不论是那些高大的树木、低矮的灌木丛、缠绕的藤蔓，还是湿滑的苔藓。地球的七彩绚烂离不开植物，它们装饰我们人类的生活。同时，为了繁衍，这些植物又以一种完美的姿态生存，接受着太阳光，迎接着风雨。或许我们能从中受益，有一天，房屋和室内环境，能像这些植物一样最佳地利用阳光，不仅室内明亮，还能进行存储发电和智能温控，实现冬暖夏凉，形成一套自我调节的生态系统。

睡觉中的猫

“瑜伽猫”卡通画

（设计者：hozeeva. darina. gmail. com）

蜷缩成球状的猫

（拍摄人：Caner Ciftci）

2010 年是庚寅虎年，在这一新年里迎来另一批主角“瑜伽猫”。美国摄影师丹·鲍里斯和妻子突发奇想，把猫咪和瑜伽姿势相结合拍摄一系列照片，于 2009 年底制成并用日历呈现出来。一时间，瑜伽猫的日历受到热烈欢迎，风靡欧美。这组照片中有些猫的动作虽然用电脑做过一定处理，但猫的柔韧性和优美姿势仍然无法被抹杀和忽视。生活中你有注意猫的柔韧性吗？尤其冬天的时候，随着温度降低，你有没有观察柔韧的猫有什么样的睡姿？如果你有留心，就会发现天冷时它喜欢蜷着身体，尽量缩成球状。

天冷的时候，猫缩成球形睡姿，有与数学相关的秘密吗？

数学中有一个结论：所有体积相同的物体中，球的表面积最小。聪明的猫正是有效运用该结论。在身体体积不变的前提下，蜷缩着睡觉的猫缩成类似球形，增加身体重合部分，降低暴露在空气中的表面积，就能减少受寒面积，身体散发的热量随之减少。[①] 缩成球状的时候，猫还会把四只脚掌缩到肚子里，不但减少散热面积，还把最容易感受到冷的散热器官脚垫藏起来，达到很好的保温作用。除了猫之外，冬天时就连狗也会巧妙运用上述最优理论，温度低时喜欢蜷缩身体睡觉。

人类从中又能学到什么呢？生活中，球形储罐被设计使用，常常用来存储液体和气体物料，例如天然气球形储罐。从数学角度，球形储罐可以减少材料的使用，降低成本，实现受力均匀。

球形的液化气储罐

（拍摄人：ekipaj）

在很多时候，猫的睡姿是各式各样的，有趴着睡，有坐着睡，更有仰天大睡。有研究显示，猫一天要睡 16 个小时左右，有的猫能睡 20 个小时以上，所以人们喜欢称猫为“懒猫”。但实际上，其中有 3/4 的时间猫是处于打盹儿的假睡状态，只有 4 小时处于熟睡状态。对于睡觉时间如此长的猫，它们选择睡觉场所的能力十分强大，也有人说它们是十分小心地在选择。夏天哪里通风凉快，猫能准确无误地找到并作为睡觉地点；冬天哪里暖和，猫也能准确无误地找到。当然前提是主人允许它待在那里。还有更神奇之处，随着太阳的移动，猫也会移动睡觉的地方，如同向日葵的向阳一样。

猫的姿势还有锻炼身体功效。我国中医提倡人的标准睡姿和猫的有些

---

① 韩瑞．蜷缩着睡觉，猫有理［J］．数学大王（中高年级），2020（11）：8－9.

睡姿非常相似，比如“卧如弓”姿势，这个睡姿可以描述为“身体向右侧卧，屈右腿，左腿伸直；屈右肘，手掌托在头下；左上肢伸直，放在左侧大腿上”。中医认为这种姿势下人睡觉时不损心气，蜷缩后整个身体很快能静下来，容易进入睡眠状态。① 在瑜伽中还有一个猫伸展式的动作，猫睡醒时喜欢前腿蹬直，向前伸一个大大的懒腰，“猫式”动作便由此由来。做“猫式”动作有利于消除背部僵硬和疲劳，也是瑜伽中很好很安全的热身动作之一。

牵牛花的螺旋缠绕

牵牛花

（宋） 秦观

银汉初移漏欲残，步虚人倚玉阑杆。

仙衣染得天边碧，乞与人间向晓看。

牵牛花

（拍摄人：yuhorakushin）

俗话说：“秋赏菊，冬扶梅，春种海棠，夏养牵牛。”夏季时节，小小牵牛花像小喇叭一样挂在绿叶上，随微风翩翩起舞，娇艳的颜色在绿色簇拥下更是惹人喜爱。叶中牵牛花的茎随茎尖向上攀爬，无论遇到什么障碍，都不能阻挡它前进的步伐。

小小身姿，无穷力量，美丽的牵牛花蕴含神奇的数学奥秘！

牵牛花是一种蔓生植物，在亿万年前其祖先遗传基因影响下，有一套非凡的攀缘本领，缠绕旁边直立较粗壮的植物主干向上爬，形成一条圆柱螺旋线。当我们把形状为直角三角形的纸卷到圆柱形直筒上，直角三角形的斜边就形成这样一条螺旋线。因为这条螺旋线缠绕在圆柱上形成，所以被形象地称为圆柱螺旋线。

---

① 春之霖，小慈．从头到脚谈养生大全集［M］．北京：中国华侨出版社，2010：358.

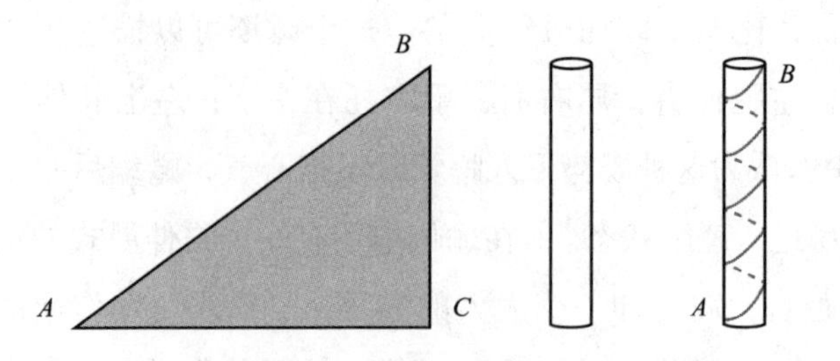

直角三角形卷到圆柱形直筒形成圆柱螺旋线

牵牛花向上攀爬的路径，为什么会选择圆柱螺旋线的曲线模式呢？展开牵牛花缠绕枝干的圆柱侧面，可以发现圆柱螺旋线的一个“周期”正好是侧面展开矩形的对角线，是直线段而非曲线。根据线段公理“两点之间，线段最短”，即两点间以连结这两点的线段为最短，所以牵牛花是按照数学“线段最小值原理”来达到目的的。

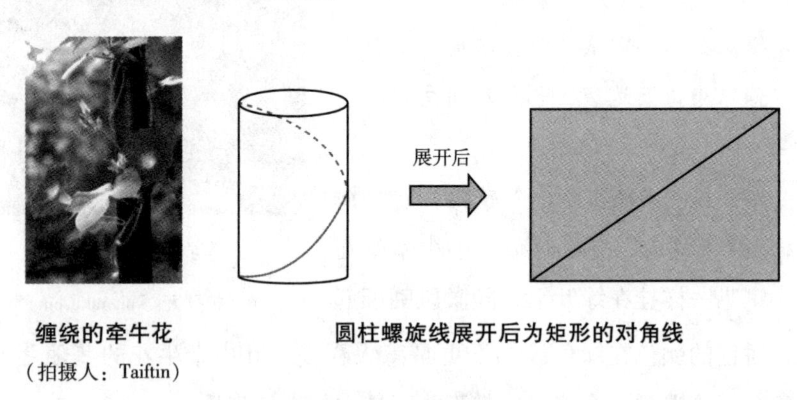

缠绕的牵牛花
（拍摄人：Taiftin）

圆柱螺旋线展开后为矩形的对角线

从生物学角度，牵牛花按圆柱螺旋线向上生长，最短路径的选择能长得更快，爬得更高，还能快速突破其他植物的包围，避免被遮挡，争取更多阳光和雨露。看似曲线实则直线段，牵牛花中圆柱螺旋线的最优效果，实在是令人惊奇！

科学家们还发现，缠绕其他枝干而生的大多数植物的茎尖的“转头运动”会保持一定方向。例如，金银花、菟丝子、鸡血藤等会始终向右旋转；牵牛花、山药、扁豆等始终向左旋转；但也有植物随心所欲地转头，时而左旋，时而右旋，何首乌就是这一类的典范。

这些植物缠绕时，为什么会保持固定的方向旋转呢？经过一系列的研究，科学家发现它们的方向特性本领是其祖先遗传下来的。植物的始祖要生存下来，要生长发育得更好，就要争取获得更多的阳光和空间，它们的茎尖紧紧跟随东升西落的太阳，随时朝向太阳。于是就出现了，南半球生长的植物的茎向右旋转，北半球生长的植物的茎向左旋转。在历史长河的发展过程中，植物不断适应和进化，缠绕时旋转方向逐渐固定并成为各自的特性，形成南北半球两大派系，即南半球向右旋转和北半球向左旋转。以后，它们虽被移植到不同的地理位置，但其旋转方向的特性被遗传下来而固定不变，就是我们今天所看到的情形了。而赤道附近的植物，由于太阳当空就不需要随太阳转动，因而其缠绕方向没有固定，可随意旋转缠绕。

自然界的植物给予我们启示，圆柱螺旋线有最短路径的最优性能，那么能否借鉴应用于生活之中？英国科学家罗伯特·虎克（Robert Hooke，1635—1703）发明了弹簧，第一次工业革命兴盛发展的螺丝杠的螺纹，都使用了圆柱螺旋线，如今无论是弹簧还是螺纹，它们都广泛存在于我们的生活。圆柱形建筑物的楼梯，绕着圆柱盘旋而上，往往也是圆柱螺旋线，能够节省空间。如今，圆柱螺旋线在建筑与机械工程中十分常见。

仔细探寻生活，你还能发现哪些圆柱螺旋线的踪迹？

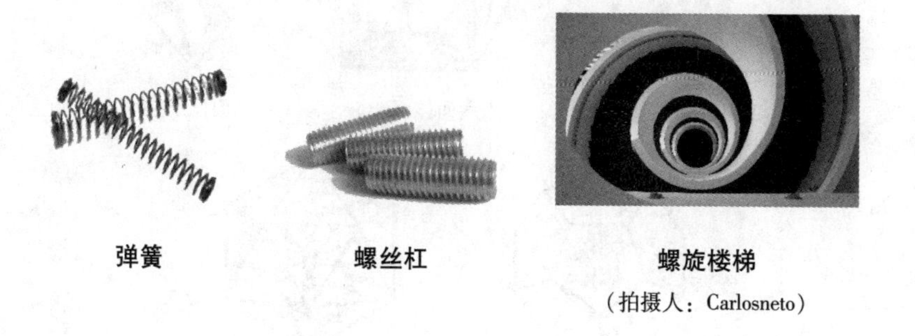

弹簧　　螺丝杠　　螺旋楼梯

（拍摄人：Carlosneto）

病毒与正二十面体

2020 年春节，突如其来的新冠疫情席卷全国。在中国共产党的领导下，全国人民上下一心、众志成城共同抗疫。在这场疫情中，我们要致敬最可爱的人，人民子弟兵闻令而动，奔向抗疫第一线！致敬白衣天使，医护人员无畏生死，逆向而行直面疫情！

研究者发现，新冠病毒和许多病毒形状一样，是由20个正三角形和12个顶点构成的正二十面体①。为什么多数病毒要选择正二十面体的几何形态呢？

正二十面体为对称完美的正多面体之一。正多面体是指多面体的每个面都由全等（即相同）的正多边形构成，并且每条边等长、每个角等度数。正多边形有无穷多个，但正多面体却只有5个，分别为正四面体、正六面体、正八面体、正十二面体和正二十面体。生活中，白磷分子和甲烷结构是正四面体，食盐晶体是正六面体，明矾晶体是正八面体。

关于正多面体只有5个的结论，可以追溯到2500年以前，古希腊时期人们已经对此了解。尤其是古希腊哲学家柏拉图非常热衷于研究正多面体，他不仅认为正多面体是最有价值、最美丽的几何形态之一，而且还将其赋予了特殊意义，与构成自然界的五大要素火、土、空气、宇宙和水联系起来。因此，正多面体也称为“柏拉图正多面体”或“柏拉图立体”。

正四面体（火）

正六面体（土）

正八面体（空气）

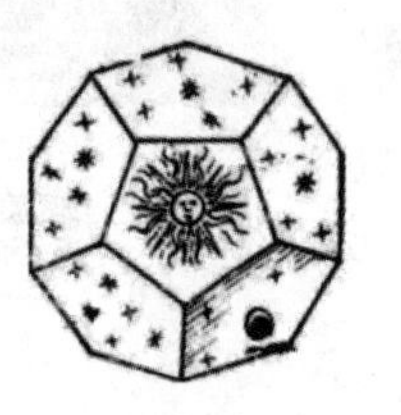
正十二面体（宇宙）

正二十面体（水）

柏拉图正多面体

资料来源：朴京美．数学维生素［M］．姜镕哲译．北京：中信出版社，2006：36。

① 朴京美．数学维生素［M］．姜镕哲译．北京：中信出版社，2006：39－41.

回到最初的问题，病毒的几何形态为正二十面体，正是病毒最佳形状和最好选择。从数学角度看，正二十面体最接近球形；同时如果这些正多面体容积相同时，正二十面体表面积最小，节省材料。就病毒而言，这种形状的外衣蛋白质分子所需数量较少，可降低能量消耗而保持低能量状态。

有些科学家称正二十面体为自然界偏好的形状，因为这种形状不仅在新冠病毒存在，在其他许多病毒上也是普遍存在，比如天花病毒、小儿麻痹病毒、疱疹病毒以及芜菁黄嵌纹病毒等。

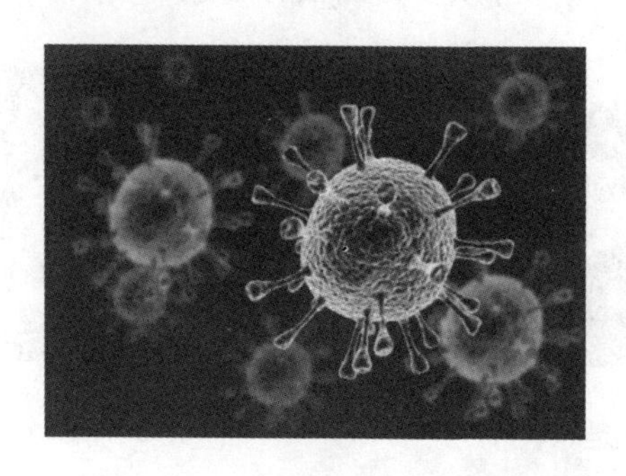

病毒

（拍摄人：photo5963）

提到正二十面体，会令人不禁想到另一个与之相关的几何形状，即"截角正二十面体"。顾名思义，截角正二十面体是对正二十边形截角而得到，制作方法如下。

将正二十面体的边三等分，各顶点相连边的1/3处5个分点顺次连接，截去12个小正五棱锥（即截角），就形成了截角正二十面体，它的表面由12个正五边形面和20个正六边形面构成。

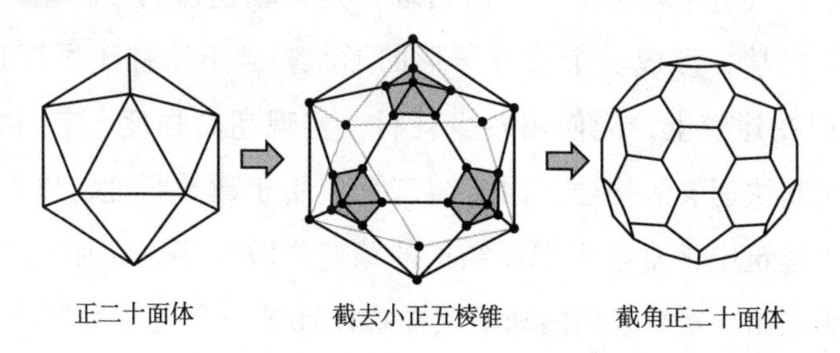

由正二十面体制作截角正二十面体

生活中，我们常见的足球形状就是截角正二十面体。由皮革制成这种多面体，充满气便是足球。生物学中，神经细胞突触末端存在的名叫“笼形”的蛋白质形状也为截角正二十面体。化学中，化学物质 C60（碳 60）的结构也为截角正二十面体。因形状与足球形似，C60 又称为“巴克球”或“足球烯”。C60 的几何形状让其结构非常稳定，同时具有超导、强磁性、抗化学腐蚀、耐高温、耐高压和对放射线很强的抵抗力等特性，所以它在纳米技术、医学应用等众多方面大有用途。

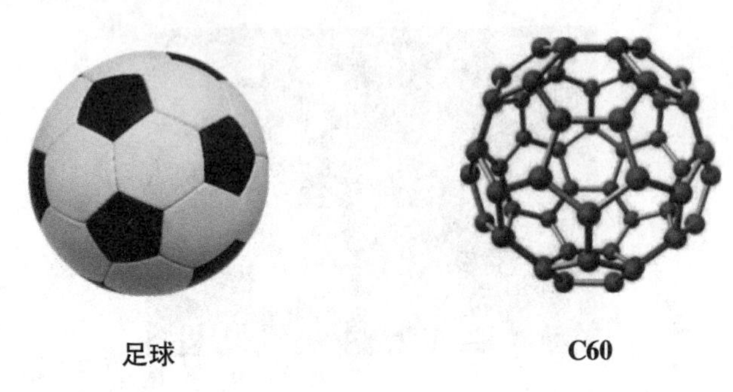

足球　　C60

C60 是由 60 个碳原子组成的非金属物质，在 1985 年由英国和美国三位科学家通过人工合成得到，而在 1996 年这三位科学家也凭借此成果获得诺贝尔奖。他们创作 C60 结构的灵感来自美国建筑学家巴克敏斯特·富勒（Buckminster Fuller，1895—1983）设计的“网球格顶”，因此 C60 也被称为“巴克敏斯特·富勒烯”。

网格球顶也叫富勒球，由正二十面体改造而成：将正二十面体的正三角形面分成多个相同的正三角形，同时将这些相同的正三角形内接于球体，最后将各顶点投射于球面形成。网格球顶是富勒创造的一种结构，用简单的几何形体拼接，形成一个接近球形的形状，且不用柱子可以自行站立。这种结构用在建筑上，能使用较少耗材，实现超高强度、空间大、轻质、稳固、耐用和快速灵活构建，因此被广泛应用于建筑行业，体育馆、展览馆和温室等建筑中常常能发现该结构的踪迹。1967 年，在加拿大蒙特利尔世博会的美国馆，富勒采用网球格顶样式设计了一个直径为 76 米的四分之三球形建筑，该结构大放异彩，自此风靡世界。

病毒的正二十面体选择让它具有强大的破坏力，而人们利用很多正二十面体结构为人类作出极大贡献！

1967 年加拿大蒙特利尔世博会的美国馆

（拍摄人：gauthierdan）

第二章

绚烂的几何

从陆地到海洋，从地球到太空，人类一直在探索宇宙，在探索中不断学习和改善我们生存的环境。绚烂的几何正是在探索中孕育而生，它是生活中不可或缺的元素之一。从自然界万事万物的对称到建筑物故宫的对称，从天上的圆月到象征阖家团圆的月饼，夜空繁星与点，笔直的树干与直线，生活中无处不存在着几何图形。

赵州桥的圆弧拱形

赵州桥

（拍摄人：Bestviewstock）

李春雕像

（拍摄人：Bestviewstock）

赵州桥，又名安济桥（意喻“安渡济民”），坐落于河北赵县，是我国古代石拱桥的杰出代表。它建于隋大业初年（公元605年左右），由李春设计和监造。因桥体建造材料全部为石材，赵州桥又被人们俗称为“大石桥”。李春为建造赵州桥付出了汗水和心血；赵州桥也成就了李春，李春成为中国乃至世界建筑史上第一位桥梁专家。①

据考证，赵州桥是世界上现存最早、保存最好的巨大石拱桥，敞肩圆弧的拱形设计构思和工艺技巧在当时首屈一指。相隔1200多年后，欧洲才出现类似技术的拱桥。敞肩圆弧创造了世界之最，英国李约瑟在其巨著《中国科学技术史》中列举了1~18世纪中国传到欧洲和其他国家的26项重要科学技术成果，其中赵州桥被列入第18项重要成果②；1991年，它又被美国土木工程师学会选定为第12个“国际土木工程里程碑”③。在我国民间，赵州桥与沧州铁狮子、定州塔、正定菩萨并誉为“华北四宝”。

远望赵州桥，唐朝的张鷟曾描写“初月出云，长虹饮涧”，形容它造型美观。横跨洨河两岸的赵州桥，桥长50.82米，跨径为37.02米，两端宽9.6米，中间略窄宽约9米，主拱由28道相互独立的拱券组成，是一座单孔弧形石桥④。大桥两端肩部各有两个空的小孔，不是常见实心，被称为敞肩型。敞肩的设计是世界造桥史上的一个创造，是设计者的智慧结晶。直至今天，赵州桥经历了1400多年历史的风霜，并经历多次地震，依然屹立不倒。⑤

赵州桥如此惊人的经历，能给予我们一些什么启示？

打破传统半圆形，采用圆弧拱形。传统半圆形拱桥，拱顶高，坡度陡，车马行人过桥都十分不便。赵州桥创造性地采用了圆弧拱形，拱高只有7.23米，实现低桥面，相比半圆形拱桥，车辆行人过桥非常方便；圆弧形还能节约用料，确保施工方便，同时实现37.02米的大跨径。⑥

---

① 华图教育．省（市、县）事业单位公开招聘工作人员录用考试专用教材：综合应用能力C类［M］．北京：中国民主法制出版社，2021：352.

② 帅倩．中华科技故事［M］．成都：四川人民出版社，2014：244.

③ 李白薇．赵州桥：跨越千年的奇迹［J］．中国科技奖励，2012（11）：76-77.

④⑥ 张冬宁．世界遗产视野下的中国古代经典石桥申遗研究——以河北赵州桥、福建洛阳桥和北京卢沟桥为例［D］．开封：河南大学，2013：31-32.

⑤ 帅倩．中华科技故事［M］．成都：四川人民出版社，2014：246-247.

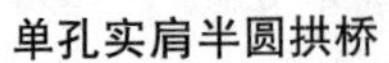
单孔实肩半圆拱桥

多孔桥

（拍摄人：JS715826）

创新之举，敞肩设计。如果桥没有小拱则称为满肩或实肩，赵州桥在大拱两端增加两个小拱，将实肩改为敞肩。大拱加上两肩4个小拱，不仅美观，而且从科学角度还具有十分重要的实用性。实用性之一，能增大流水通道，减轻洪水对桥的冲击力。据计算，汛期水势过大时，4个小拱能增加过水面积16%左右，有效降低洪水对桥的冲击影响，提高大桥安全性①。实用性之二，节省材料，减轻桥身重量。不要小看4个小拱，据估计，它们不仅节省石料26立方米，减轻重量达700多吨，减少桥身对桥台和桥基的压力；而且，充分利用小拱对大拱所产生的被动压力，大大增强了桥身稳固性②。正是敞肩的设计，有力地保证了赵州桥历经岁月洗礼，千载如一日依然巍然挺立。

造型优美的赵州桥，还采用了单孔设计。桥梁有单孔和多孔两种不同形式。多孔桥好处在于，每孔跨度小，桥面相对平坦，承重点多，有利于修建；但多孔会带来桥墩多，不利于船只运行，桥墩质量还影响着桥的整体安全。赵州桥采用单孔设计，有利于船只来往通行，是当时跨径最长的石拱桥，堪称桥梁界的一大创举。

南疆北国的古桥中，福建泉州的安平桥最长，杭州西湖的锦带桥最短，而赵州桥则以其最古老的敞肩石拱桥声名显赫。时至今日，再望拥有如此

---

① 淇淇，吕忱．天下第一桥——赵州桥［J］．儿童故事画报，2020（23）：16－17.

② 帅倩．中华科技故事［M］．成都：四川人民出版社，2014：246－247.

优美弧线的赵州桥，其设计构思和工艺技巧依然十分璀璨和广受关注。

天坛与天圆地方

祈年殿

（拍摄人：Bestviewstock）

天坛是体现中国传统文化的旅游胜地之一，代表“天圆地方”的传统思想，融入“天人合一”宇宙观。目前国内现存天坛有两处，一处为西安天坛，另一处为北京天坛。西安天坛建成时间早，建于隋文帝时期；但北京天坛更著名、保存更完整。

历经千年华夏文明沉淀，现在作为旅游景点的天坛，在古代有什么用途？天坛是明、清两代帝王祭祀天地日月和祈谷的场所。冬至日，皇帝前往天坛祭天，祈国家昌盛，万民安康；正月上辛日（正月第一个辛日，一般在初一到初十之间），皇帝到天坛行祈谷，祈风调雨顺，五谷丰登。北京天坛是中国乃至世界现存最大的祭坛建筑群①，1998 年被联合国教科文组织确认为世界文化遗产②。

天坛多处使用圆形和方形，融合“天圆地方”和谐构思于建筑之中。

---

① 姚安．清代北京祭坛建筑与祭祀研究［D］．北京：中央民族大学，2005：17.

② 北京皇家祭坛——天坛［EB/OL］．http：//www. ncha. gov. cn/art/2021/7/23/art _ 2539 _ 170133. html.

首先，天坛由内外两重城墙环绕，形似“回”字，南边城墙的左右转角被设计成直角，呈方形，象征地；北边城墙的左右两角呈半圆形，象征天。这种南方北圆的墙，又被称为“天地墙”，象征“天圆地方”。整体格局设计为北高南低，代表天高地低，也表示“天圆地方”。其次，皇帝祈祷五谷丰登的天坛祈年殿，是一座三层圆顶大殿，深蓝色的琉璃瓦与蓝天相配，寓意“天有三阶”。祈年殿外围有三层不明显的台阶和三层汉白玉圆栏杆的祈年坛，整体看起来为九个同心圆，九代表天的最大数字。最后，圜丘也由代表天的多个同心圆构成，由三层石砌圆形台阶垒叠而成，每层圆台之间有九级台阶连接，中心圆形平台的“圆心”石板称为“天心石”，是皇帝祭天，与天“对话”的地方。

天坛，是北京中轴线上“圆”最多、最集中、最奇妙之处，是现存最精致、最美丽的古建筑群。天圆地方是中国古代一种哲学思想，天与圆象征运动，地与方象征静止，二者结合阴阳平衡、动静互补，正是传统阴阳学说的精髓体现。天圆地方思想有着非常久远的历史，可以追溯到秦朝铸造的铜钱。铜钱因中间有一方孔，又被称为“方孔钱”。据说，秦始皇以外圆内方形状铸币，正是应“天圆地方”之说。关于铜钱设计形状有两个主流说法。一说是为了携带方便，通过方孔把钱串起来缠绕腰间，携带起来既方便又安全，我们今天所用“盘缠”一词正是由此而来；另一说法是铜钱暗含做人的道理，做人就像铜钱外圆内方一样，外在做事和顺圆润，但内在要保持方正。

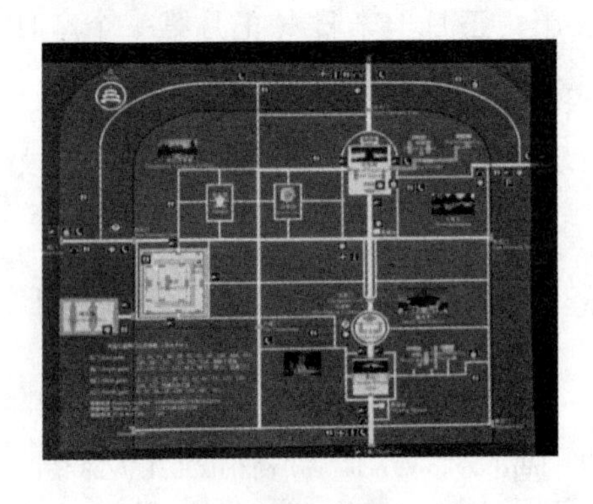

天坛公园地图

方孔铜钱

生活中有些场景也能发现含有“天圆地方”寓意的圆形和方形几何图案。例如，传统合院式建筑四合院、一阴一阳太极图、中国银行标志等。中国银行标志由国际著名设计大师靳埭强设计，结合“中”字，以中国古代铜钱为基本元素设计，突出银行的功用，寓意外圆内方、经济为本。标志整体设计简洁而稳重，极具中式风格。

蜘蛛网与对数螺线

谜语

小小诸葛亮，
稳坐军中帐，
摆下八卦阵，
只等飞来将。

蜘蛛网

（摄像人：Ivanbondarenko）

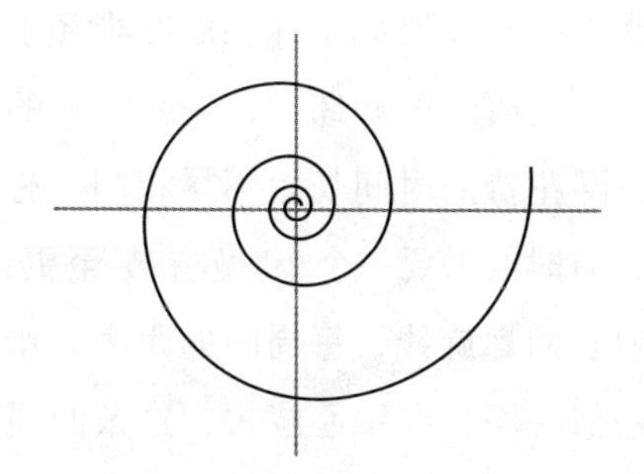

$\rho=ae^{k\varphi}$
其中，a与k为常数，φ为极角，
e=2.71828…无限不循环小数。

对数螺线

动画世界里有一个超级英雄“蜘蛛侠”，他因被转基因蜘蛛咬了一口，竟拥有超能力，力量超凡，身手敏捷，双手还可以放射强韧的蜘蛛丝，从而飞檐走壁。“蜘蛛侠”的能力是蜘蛛能力的翻版。现实中，蜘蛛就是如此超强，尤其是与生俱来的造网能力，那构造精致、排列均匀的蜘蛛网，让人类也望尘莫及。蜘蛛是动物界的建筑大师！

蜘蛛网既是蜘蛛栖息的住所，也是它捕捉食物赖以谋生的工具。于蜘蛛而言，结网是它的本能，不需要学习。而在数学家眼里，蜘蛛是在描绘一幅几何图案，拥有令人惊叹的数学元素，蜘蛛是天生的几何学家。

那么，你有观察过蜘蛛网吗？蜘蛛如何编织精美的网？这张网是什么几何图形？它蕴含哪些数学特性？

蜘蛛腹部有吐丝器，喷出的液体遇到空气马上凝固，形成黏性强、张力大的蛛丝。在结网过程中，蜘蛛用腿从吐丝器中抽出一些丝，固定在某个位置如墙角或树枝上；然后，一点点吐丝勾勒出蜘蛛网的轮廓，形成以中心点散开的经线，被称为“幅线”，是蜘蛛网的圆形图案的半径。蜘蛛种类不同，选择的幅线个数也不同，但同一种蜘蛛一般不会改变幅线数。例如，丝蛛 42 条幅线，幅线数最多；有带的蜘蛛 32 条幅线；角蛛 21 条幅线，幅线数最少。①

看一下织好幅线的网，就像是从圆的中心画出许多半径，幅线就是半径，而且相邻幅线间的角度大致相同。接下来，蜘蛛要继续完成纬度的工作。从外圈开始，蜘蛛盘旋着在半径上织出纬度，形成一条螺旋线。在这个过程中，蜘蛛每走到幅线位置，就会抓起丝聚成小球，放在半径上。远远望过去，这些小球形成了许多小点。完成经度和纬度，一张完美的蜘蛛网就大功告成了。不同种类的蜘蛛织网花费的时间长短不尽相同，有时候仅耗费大约 20 分钟就能织好一张网，有时候需要一个小时左右甚至更久②。

观察蜘蛛的几何杰作，越接近中心的螺旋线，每周间的距离越密，直到中断。在中心部分的螺旋线一圈密似一圈，向中心绕去，这条曲线就是著名的“对数螺线”。资料中关于对数螺线的一般记载为：“对数螺线是一根无止境的螺线，它永远向着极绕，越绕越靠近极，但又永远达不到极。据说，使用最精密的仪器也看不到一根完全的对数螺线，这种图形只存在科学家的假想中。”③ 小小蜘蛛却能勾勒出这条线，并确保一定的精确性，

---

① 王玮．无处不在的数学［M］．广州：世界图书出版公司，2009：133.

② 林育真，许世国．超能力神奇蜘蛛［M］．济南：山东教育出版社，2017：35.

③ 法布尔．昆虫记［M］．胡元斌译．北京：旅游教育出版社，2012：203.

可见其几何功力的深厚。

蜘蛛结了“八卦”网，摆好“八卦”阵，也吸引了众多数学家的目光，投入对数螺线的研究。法国数学家笛卡尔（Descartes，1596—1650）受益于蜘蛛网的启发，不仅创造了几何坐标系，而且在历史上首次讨论对数螺线，并首次列出对数螺线的表达式。之后，瑞士数学家雅各布·伯努利（Jakob Bernoulli，1654—1705）针对对数螺线这个主题，进行了更广泛的研究，发现了许多特性，例如，“对数螺线经过各种适当的变换之后仍是对数螺线”，即：无论放大或缩小，对数螺线的形状都不会改变。雅各布·伯努利十分惊叹和欣赏对数螺线，甚至要求死后将之刻在其墓碑上，并附词“纵使改变，依然故我”。可惜不懂数学的雕刻师却误将阿基米德螺线（等速螺线）刻了上去。①

数学家研究“对数螺线”，发现其还有性质：曲线上任意一点和中心的连线与过曲线上这点所做切线所形成的角是固定的定角，因为这一性质，对数螺线又得名“等角螺线”。也正是这一特性，对数螺线在实际生活中用处很大，让我们更加不能小看它。工业生产中，根据对数螺线的形状做成抽水机的涡轮叶片，抽水均匀。农业生产中，把轧刀的刀口按对数螺线的形状弯曲，就可以按特定角度割草，既快又好。

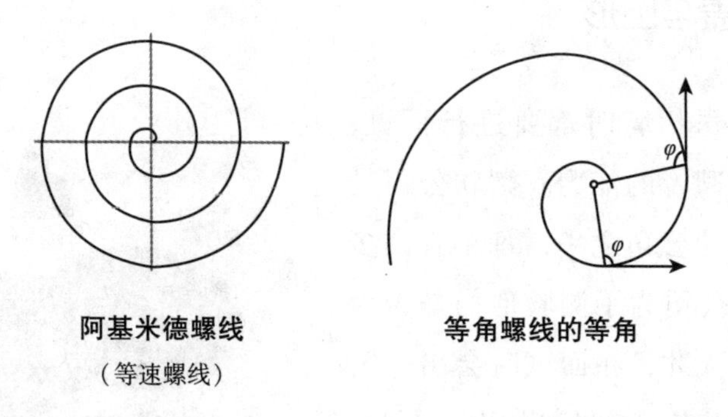

阿基米德螺线
（等速螺线）

等角螺线的等角

如此独特的对数螺线并非蜘蛛的专利，它在自然界中普遍存在。在我国南海，存在着太古时代的生物后代——鹦鹉螺，历经了3.5亿年的沧桑巨变，被称为“活化石”，它们的壳就像对数螺线。有一种蜗牛的壳也遵循对

① 陈开．课堂上来不及思考的数学［M］．北京：人民邮电出版社，2022：76－77.

数螺线的构造。据研究，高空翱翔的鹰捕食时，以对数螺线的线路接近猎物。而某些昆虫接近光源时，居然也会按照对数螺线设计线路。热带气旋、温带气旋等外观有对数螺线的踪迹。用天文望远镜观察星云，许多星系巨大的螺旋堪称最壮观的对数螺线。

我们从蜘蛛织网学到了对数螺线，用它创造与改造着生活。也许自然界中还有许多地方隐藏着这条优美曲线，等待我们去挖掘。其实蜘蛛网除了对数螺线，还有三角形、悬链线和超越线等许多几何元素，蜘蛛是当之无愧的几何专家。

“活化石”鹦鹉螺

（左图拍摄人：Joingate；右图拍摄人：Kasia75）

窨井盖与圆形

许多公司招聘时都要进行面试，借此考察应聘者的能力。微软公司是许多人向往的公司之一，每年有许多的应聘者。公司为了测验他们是否为微软需要的人才，在面试时会出一定的考题，其中有一道经典的面试题为：下水道的井盖为什么是圆形？我们想一想，窨井盖有圆形和方形，但以圆形为主。圆形设计和使用有着什么样的实际意义？

圆形井盖

（设计者：tussiksmail. gmail. com）

安全性能高，圆形的盖子不会掉入下水道。半径小的圆才能从半径大的圆穿过去，圆形井盖的半径大于下水道圆形洞口的半径，所以不会存在盖子掉进去的隐患，施工人员可以放心在下面作业。与方形井盖比较，圆形井盖的这个优势会更加明显。无论是长方形还是正方形井盖，都有可能沿着最大尺度的对角线掉到井里。因为方形的对角线大于任何一条边的长度。如果方形的盖子没有保管好，有可能会掉入井里，增加隐患。①

基于仿生学角度，人身体的横截面基本是圆形，圆形洞口留出足够一个人的活动空间，工作人员可以方便地出入井内作业。

从力学角度来看，圆柱形最能承受周围土地和水的压力，且受力均匀。当车来车往，人走来走去，面对时时刻刻和各种各样的冲击时，圆形井盖对应的圆柱形会确保路基下沉速度的降低，还不容易破碎或塌陷。

圆形井盖搬运上有优势。正如自行车车轮一样，圆形井盖可以滚动，方便搬运，而方形则不行。有些时候，为了作业方便，圆形井盖可以直接架在洞口，不用担心掉进去。

因为数学原理“在周长相等的几何图形中，圆的面积最大”，所以设计成圆形时对应圆柱体的容积最大，有利于通过更多的水。

井盖周长为 a 时不同形状的面积

井盖形状	面积
正三角形	$0.048a^2$
正方形	$0.0625a^2$
正六边形	$0.0722a^2$
圆形	$0.0796a^2$

为什么选用圆形井盖，解答角度并不仅仅是上述情况，很多人还给出其他解释。比如，圆形方便安装，不用考虑方向，随便怎么放都行，操作非常便捷。

---

① 唐阅．大多数井盖为何偏爱圆形？[J]．数学大王（中高年级），2021（1）：13－15.

你还能给出其他解释吗?

其实，这道经典面试问题并没有标准答案，只要回答得言之有理就行，当然是越全面越深刻，越好。而面试公司的目的，则是要考察应试者面对问题时的思考方法、分析能力和解释能力，特别是要考察创造性思维的能力。

关于圆形井盖的使用，最早可追溯到13世纪浪漫之都巴黎。法国当年在建巴黎时，选用了圆形铁饼作为下水道的井盖。后来，罗马帝国借鉴法国的下水道技术用于建设罗马城。再后来，世界各地的主要城市陆续仿效采用了罗马的下水道技术，于是，圆形井盖似乎成了约定俗成的事情。

除了井盖体现出圆形的实用性，圆形的使用还被赋予一定寓意。例如圆桌会议成为平等交流、意见开放的代名词，它源自英国传说中的亚瑟王与其圆桌骑士在卡默洛特时代的习俗，参加各方围绕圆桌或方桌摆成的圆形而坐，进行一种平等对话和协商。我国传统文化中，圆形表示团圆，如月饼意在阖家欢乐；圆还用来表示自然和宇宙，因为古代宇宙苍穹被认为是圆形；古代的圆镜子还象征着日月的光辉。

如今，圆形井盖还与艺术跨界结合。一种情况是井盖被设计成各种漂亮图案，展示当地地方文化特色；另一情况是人们在井盖上涂鸦或绘画，展示生活的美好和对生活的热爱。

各地井盖欣赏

（左图：中国杭州；中图：匈牙利布达佩斯，拍摄人 Kruwt；右图：瑞典马尔默，拍摄人 Matic. Sandra）

水立方与方盒子

水立方

（拍摄人：Bestviewstock）

国家游泳中心，俗称“水立方”，坐落于北京奥林匹克公园内，与国家体育馆“鸟巢”分别矗立在北京中轴线北端的两侧。蓝色水立方的柔美，红色灯光下鸟巢的阳刚之气，一方一圆，遥相呼应。

“水立方”被誉为当代十大建筑之一，有“世界顶尖的金牌游泳馆”之美称，其主题为水，设计灵感来自水分子。[①] 中国传统文化中，水是一种重要的自然元素，代表着仁人志士崇尚的最高道德境界，也是中华美德的一种浓缩和升华，简单概括为8个字“上善若水，厚德载物”。“上善若水”语出老子《道德经》第八章，“上善若水，水善利万物而不争。处众人之所恶，故几于道”。“厚德载物”出自《易经》，原文是“天行健，君子以自强不息；地势坤，君子以厚德载物”。8个字概括了中国人做人的原则和崇高的思想境界：像水一样，以自己宽广深厚的胸怀、美好的品行来承载万物，包容万物，滋养万物，造福万物。

最初设计“水立方”的时候，澳大利亚设计师的理念为水是波浪式的；中方三位设计师则不约而同地选择了基本几何体——长方体的设计思想，

---

① 赵辉．从奥运建筑水立方看中国设计师在理念上的提升［J］．中华建设，2018（5）：110－111.

希望通过简洁的方式展示水的含蓄灵动与刚柔并济之美，并且与椭圆的鸟巢相呼应。水，厚德载物，可以是方的，不一定都是波浪的。其间，中外双方各执己见反复沟通，中方还做了“方盒子”效果图展示，最终外籍设计师也认可了这个方案。水立方还创造性地融入“水分子”膜结构，设计新颖，结构独特，创造了世界之最。红色的灯光映射“鸟巢”，“水立方”在蓝彩下发光，正是天圆地方、一阴一阳的乾坤之道，体现中国文化的血脉。①

“水立方”采用基本几何体——长方体，这个设计理念也符合中国传统的建筑理念。中国的古城墙格局多为长方体，北京呈现方形网格的城市布局，古代的民宅、故宫和四合院都是方形理念。所以“水立方”被设计成长方体是中国传统建筑文化和建筑格局的体现。

金字塔与正四棱锥

埃及金字塔

（拍摄人：Siogio）

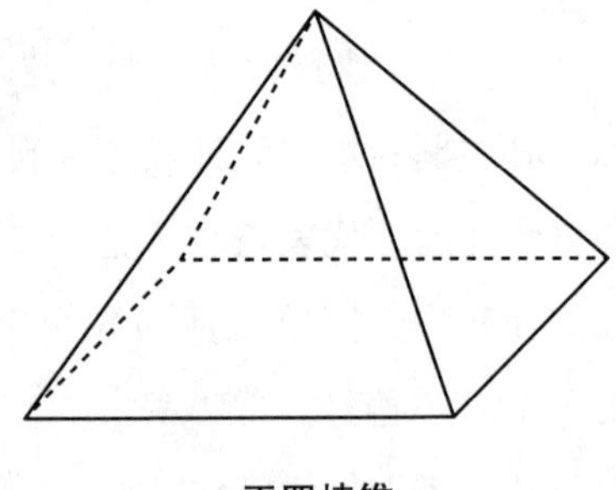

正四棱锥

埃及金字塔是世界八大奇迹之一，凝聚着古埃及人民智慧的结晶，是古埃及文明最有影响力和持久的象征之一。埃及金字塔还是目前世界上最大的建筑群之一，据统计，在尼罗河的西岸一共修建了约 96 座金字塔。②

① 于杰．冰晶龙宫：国家游泳中心水立方建成［M］．长春：吉林出版集团股份有限公司，2010：8－20.

② 孙绍荣，张艳楠．古今精品工程［M］．北京：清华大学出版社，2014：84.

相传金字塔是埃及法老（古埃及国王）的陵墓，它是高大的正四棱锥椎体建筑物，陵墓底座是正方形，四面是上小下大面积相等的等腰三角形，从一侧望过去很像汉语中的“金”字，所以被人们形象地称为“金字塔”。

埃及人称金字塔为“庇里穆斯”，是“高”的意思。在埃及这片文明发源地上，金字塔巨大的形象为人们所熟知和惊叹，它们所带来的神秘仍未破解。埃及俗语中感叹道“人们怕时间，时间却怕金字塔”①。金字塔为什么能让时间望而却步？与正四棱锥的几何特性，如三角形的坚硬、结构稳定有关。可仅仅是这些数据让世人惊叹于它吗？

观察大金字塔（胡夫金字塔、哈夫拉金字塔和孟考拉金字塔），计算斜面面积发现，与将其高度做成的正方形的面积几乎一致。如果测量大金字塔侧面中三角面的高度，量出底面边长，将后者数据的 2 倍与前者相比，结果接近圆周率的值。

胡夫金字塔作为金字塔中最大的一座大金字塔，原高 146. 59 米，因风吹日晒顶端风化了近 10 米，底座是边长为 230 米的正方形，绕走一圈将近 1000 米路程。其塔身北侧离地面 13 米的高处，有一个三角形出入口，是用 4 块巨石砌成。采用三角形而非四边形，可以将上面石头的压力均匀分散而不会被压塌，古埃及人的几何能力和力学应用水平毋庸置疑。②

金字塔如此神秘，还在于其精湛的建筑技巧。观察大金字塔，由石头叠加上去，塔身的石块之间并没有任何水泥之类的黏着物。而且，每块石头都被磨得很平，石头之间的缝隙很小，以至于一把锋利的刀刃都难以插入。到了今天，经过岁月洗礼磨损风化的石块，也许已经有了缝隙，很难保持这个纪录，但历尽千年而不倒，不得不说依然是一个奇迹。

还有科学家提出“金字塔能”理论。捷克一位工程师做了一个缩小版的金字塔模型，在 1/3 位置的平台上放置物品，居然有保存功能。他把剃须刀刀片放进去一段时间后，结果刀片变锋利，使用寿命被大大延长，这被

---

① 许伶俐，张颖慧．每天读点世界文化：探寻“最美”世界文化遗产［M］．北京：中国水利水电出版社，2013：314.

② 孙绍荣，张艳楠．古今精品工程［M］．北京：清华大学出版社，2014：85.

解释与“金字塔能”有关。这位工程师将其成果注册申请发明权“法老磨刀片器”，他开创了“金字塔能”的先河，在西方还掀起了一股“金字塔能”的研究热潮。[①] 但“金字塔能”尚是一个谜团，其奥秘还有待进一步探究。

到了今天，金字塔依然有许多未解之谜。许多科学家致力于寻觅答案，解答这些秘密，寻找着未曾发现的几何特性。也许有一天，我们能迎来一份完整的、完美的答卷。

远光灯、近光灯与抛物面

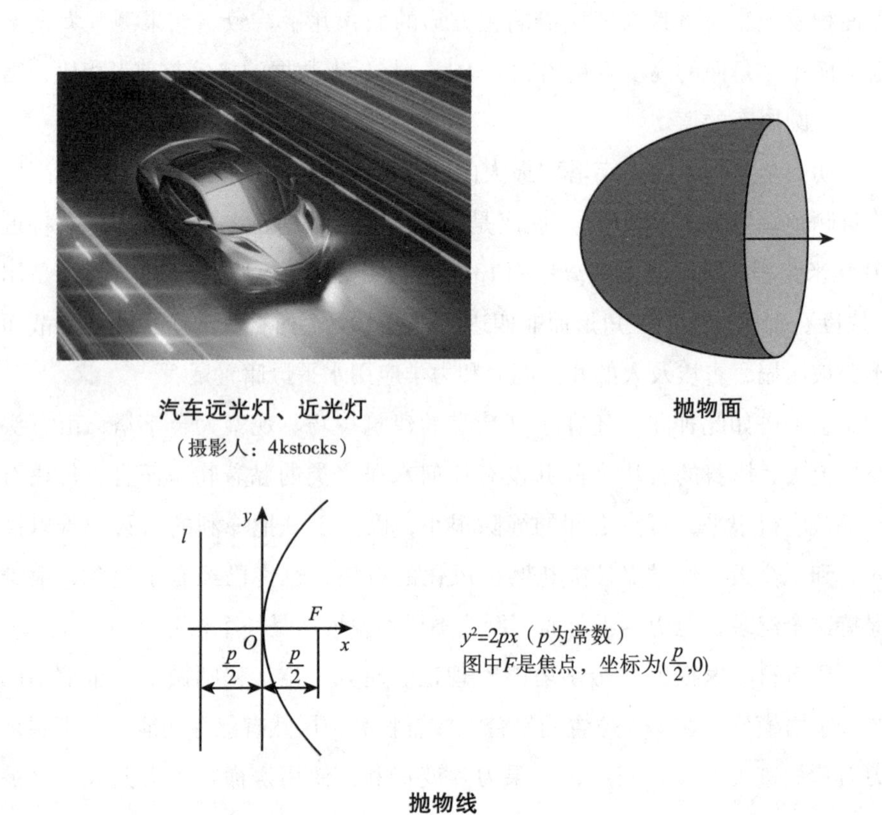

汽车远光灯、近光灯
（摄影人：4kstocks）

抛物面

抛物线

① 《古文明未解之谜》编写组．古文明未解之谜［M］．广州：世界图书出版公司，2010：74－79.

夜幕降临，车来车往，车的灯光有时照得很远，有时照得很近。原来，抛物线原理在帮忙解决问题。

汽车前灯设计的关键在哪里？关键在于汽车前灯后面的反射镜，它采用的是抛物面。抛物面，是抛物线绕对称轴旋转一周形成的三维曲面。抛物面的特性与抛物线的特性相关，而抛物线对不同光有不同反射效果，光线从焦点射出由抛物线反射为平行光，平行光射向抛物线会反射回到焦点，光线从偏离焦点位置射向抛物线会四向散射开。

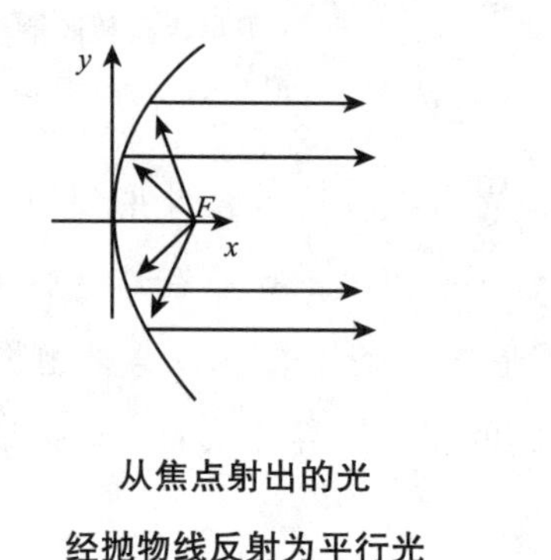

从焦点射出的光
经抛物线反射为平行光

平行光经
抛物线反射回到焦点

汽车灯利用抛物线上述特性得到远光近光效果。一个灯放置在焦点位置，发出的光源通过抛物面反射，直射向远方，照射距离远，也就是远光。另一个灯放置在稍微偏离焦点位置，发出的光源经反射后向四方散开，向上散开射出的光被屏蔽，只留下向下射出的光，照射距离短，也就是近光。近光灯与远光灯是基于灯放的位置不同，经由抛物面反射后光线照射距离出现远近，这也是它们名字的由来。

生活中的手电筒、探照灯，也是利用抛物面原理形成远光。将反射面做成抛物面，灯泡放在焦点的位置，则发出的光经过反射平行照向远方。

抛物面的另一个应用——聚光，平行光经抛物面反射后聚光于焦点得到的效果。太阳灶、放大镜和卫星电视接收器等都是利用这个原理设计。在太阳灶下安装抛物面反射镜，当太阳光与反射镜的对称轴平行时，光线经过反射后集中于焦点，太阳光能量集中在这一点，温度就会很高。

太阳灶

（拍摄人：slepitsky）

卫星电视接收器

（拍摄人：Aragami12345）

远光灯、近光灯是利用抛物面或者说抛物线的特性得到的，我们再来看一个抛物线的用途。矿山爆破时，爆破点处的矿石在炸开后飞出去，会呈现抛物线轨迹。飞出矿石的边界形成一条抛物线，这条抛物线被称为“安全抛物线”。有了安全抛物线划定的安全边界，从而可以保证施工人员待在安全位置。

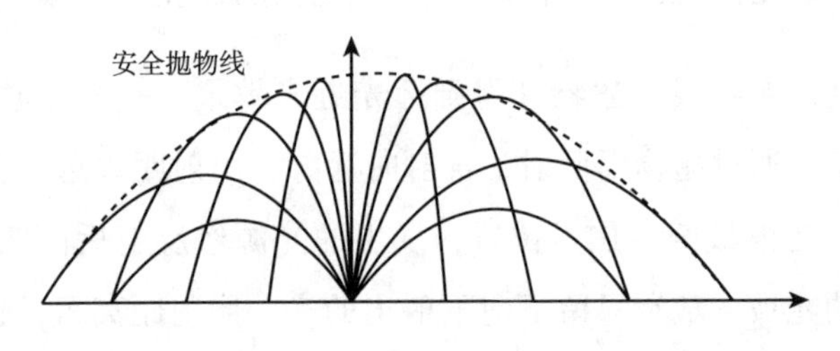

安全抛物线

资料来源：顾沛．数学文化［M］．北京：高等教育出版社，2018：168。

低语回廊与椭圆

在西方，教堂是建筑艺术的体现，也是国家文化内涵的反映。教堂一般设在长方形的地基上，长排、雄伟的大圆柱将内部空间进行分割。

英国伦敦矗立着世界第二大圆顶教堂——圣保罗大教堂，它模仿罗马的圣彼得大教堂，建筑风格为古典主义。这座宏伟建筑是建筑大师克里斯托弗·雷恩（Christopher Wren，1632—1723）的经典之作，历时35年之久才完成[1]。

英国伦敦圣保罗大教堂

（拍摄人：Tomas1111）

来到圣保罗大教堂，一定要尝试和感受耳语廊“低语回廊”的神奇。在耳语廊的一个通孔处轻声讲话，就近的人并不会听到，但是在另一个32米远的特定通孔处听得很清楚。神奇回音的秘诀在于顶棚处椭圆形的应用。

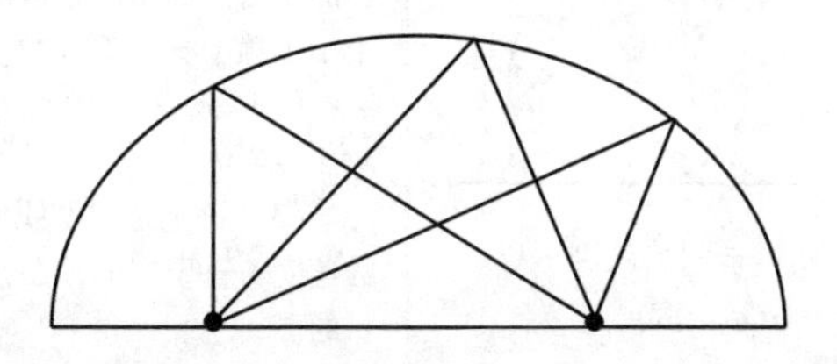

椭圆的两个焦点形成低语回廊，能量从一个焦点出发反射后到达另外一个焦点

椭圆有特性：任何椭圆都有两个“焦点”，椭圆上任何一个点到两个焦点的距离和相等。圣保罗大教堂的耳语廊正是利用椭圆这一特性，当在其中一个焦点传出声音，声波通过椭圆的顶棚反射后集中传到另一个焦点。所以在此处焦点轻声耳语，居然在远处的另一个焦点处听得清清楚楚。

圣保罗大教堂是雷恩几何学造诣的上乘之作，耳语廊更为圣保罗大教堂添上浓墨重彩的一笔。

---

① 吴庆洲．圣保罗大教堂［J］．世界建筑，1994（1）：69－72.

椭圆还被广泛应用于生活中。医学领域中，肾结石破碎机有椭圆的应用，一个焦点处的冲击波通过椭圆壁反射后聚在另一焦点处的结石，直接将结石粉碎，其原理与“低语回廊”相同。道路桥梁中，隧道也常常用椭圆拱形，保证上面压力及两侧压力下的稳定性。

钟摆与旋轮线

如果你有一辆自行车，把一块口香糖或其他黏的东西粘在自行车轮胎上，当自行车保持直线前进时，口香糖会随着车轮转动画出一条曲线。这条曲线是一条奇妙而绚丽的“旋轮线”。旋轮线还有三个响当当的名字，叫“摆线”“等时曲线”“最速降线”。为什么会有如此多的名称？这是同一条曲线在不同场合和不同应用情况下的不同称呼，展示着各种魅力。

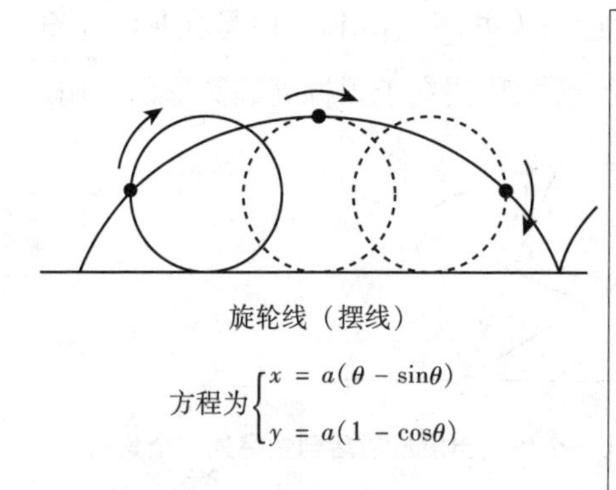

旋轮线（摆线）

方程为 $\begin{cases} x = a(\theta - \sin\theta) \\ y = a(1 - \cos\theta) \end{cases}$

旋轮线的特性：

（1）旋轮线的一拱的长度等于旋转圆直径的4倍。更津津乐道的是，它的长度是一个不依赖于π的有理数。

（2）弧线下的面积是旋转圆面积的3倍。

（3）圆上描出摆线的那个点，具有不同的速度——事实上，在特定地方它甚至是静止的。

（4）当小球从一个摆线形状容器的不同点放开时，它们会同时到达底部。

机械时钟时代人们能准确记录时间，最重要的发明毫无疑问应是钟摆，更要归功于独特的曲线“旋轮线”，即“摆线”。科学家研究发现，钟摆可以按照圆弧摆动，这条摆被称作“圆弧摆”，但摆的长度会影响计时精准性。自此科学家们开始了一段寻求之旅，希望寻找一条曲线，钟摆沿着这条曲线摆动时，它的摆动周期完全与摆幅无关。经历不断失败，经历不断尝试，科学家们终于在数学殿堂里找到了它，命名为“摆线”。摆线迎来了一场时间的革命，钟表里的钟摆设计成按照摆线摇摆，每一分每一秒被精确下来。正是利用摆线周期时间的相等性，精确时钟的制作成为现实，人类科技向前迈进一大步。当然小小时钟如此精准，里面的秘密远远不止摆线而已，将那些理论整理出来可是厚厚的一本书。

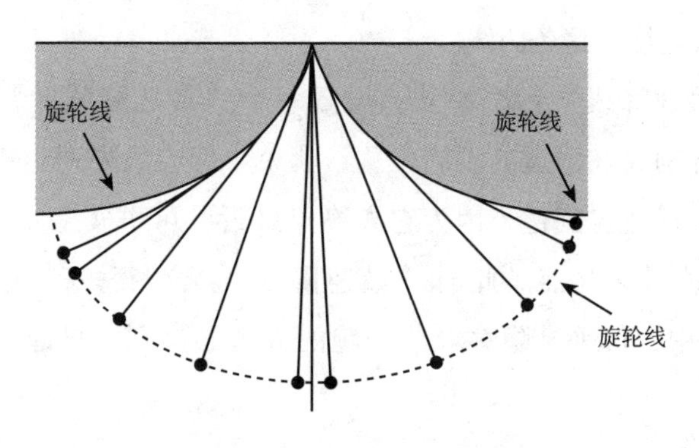

钟摆原理：摆线（旋轮线）

“摆线”的魅力远远不止这些。如果将它分成两半后转置，得到下滑速度最快的一条曲线，这是一条“最速降线”。下面做一个实验。同时放置多个斜面，包括直线斜面、一般曲线斜面、最速降线斜面，各斜面高度相等和终点相同；当大小和重量一样的小球同时从各斜面的起点滑落，有一个斜面上的小球最先到达终点，那一定是“最速降线”斜面。和直线斜面相比，曲线斜面的小球最初加速度较大，效率高，曲线斜面可以用于滑梯的滑道设计。生活中也的确存在常见的两种不同类型的滑道，一种是直线类型，滑出的出发点到落地点是“最短距离”；另一种是弯曲类型，如果是“最速降线”，则是同等条件中下滑“时间最短”。从物理学视角证明“弯道超车”可以实现！

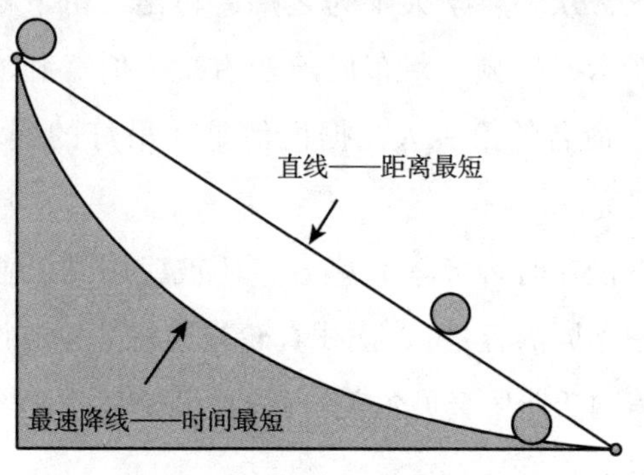

滑梯中用的不同滑道——直线与最速降线

古代有些寺庙的屋檐是弯曲而非直线的，是否希望设计成“雨水下降速度最快”的曲线？也许当时的工匠们并不懂得“最速降线”，但却凭着卓越的经验和技艺绘成这条曲线。

再用“最速降线”做个游戏，设置一个“最速降线”滑道，将3个相同的小球分别放在滑道的不同位置，哪个小球会最先到达终点？经验上应该是3号小球最先到达，因为它离终点最近。可事实上，3个小球居然耗时一样同时到达终点。此时“最速降线”又获得一个美名“等时曲线”。而这其中，似乎又隐喻着“先跑的人未必早到，早起的鸟未必先吃到虫”。

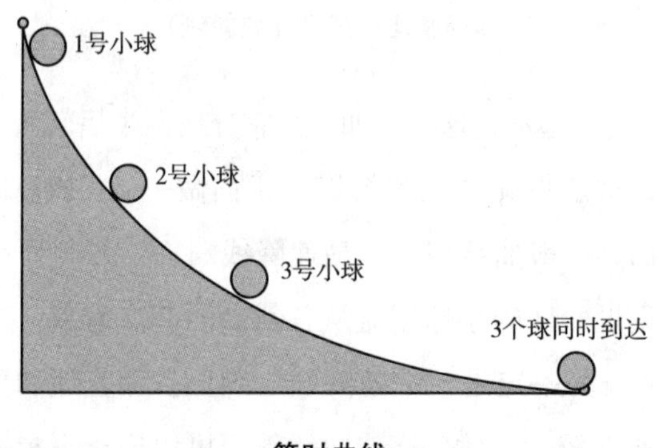

等时曲线

无论叫什么名字，“旋轮线”“摆线”“等时曲线”还是“最速降线”，它的美丽都被载入史册，它功不可没，让人类进入精确计时的时代。而纵观摆线的发展历程，众多科学大师为之痴迷付出，留下精彩瞬间，有伽利略、笛卡尔、帕斯卡、牛顿、莱布尼茨、约翰·伯努利、拉格朗日等。伽利略是为“摆线”命名的第一人，据说他是从吊灯的摆动中产生了灵感，进而展开摆线的研究。

如今，摆线不仅在时钟界享有盛誉，还被应用到工业中发光发热，如摆线油泵（可调整不同的容量）、摆线真轮减速机。建筑设计中也能找到摆线的美丽应用，美国沃斯堡金贝尔美术馆的屋顶就采用摆线曲线造型。

钻方孔的莱洛三角形

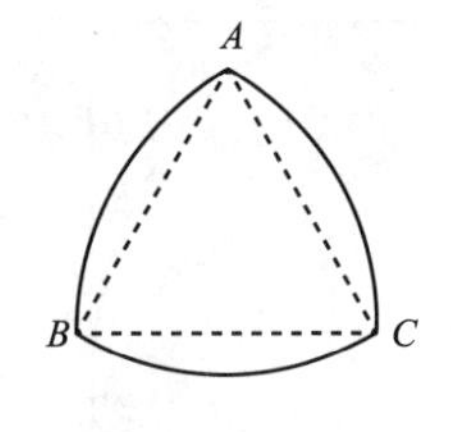

莱洛三角形

莱洛三角形的特性：

(1) 中心点到弧线上的距离相等。（与圆具有同一特性）

(2) 总弧长等于以 AB 为半径的圆周长，即：

总弧长 $=2\pi r$（r 为 AB 的长度）

过打圆孔的钻头很常见，但你见识过打方洞的钻头吗？不用质疑这种钻头的存在性，巧妙地利用莱洛三角形（Reuleaux triangle），就产生了意想不到的效果。

莱洛三角形，又叫圆弧三角形（或弧三角形），是机械学家莱洛研究机械分类时首先提出的，并以他的名字命名。它的画法是：第一步，先画正三角形 ABC；第二步，分别以 A、B、C 为圆心，以正三角形边长即 AB 长为半径画圆弧，三段圆弧即弧 AB、弧 BC、弧 AC 组成图形莱洛三角形。

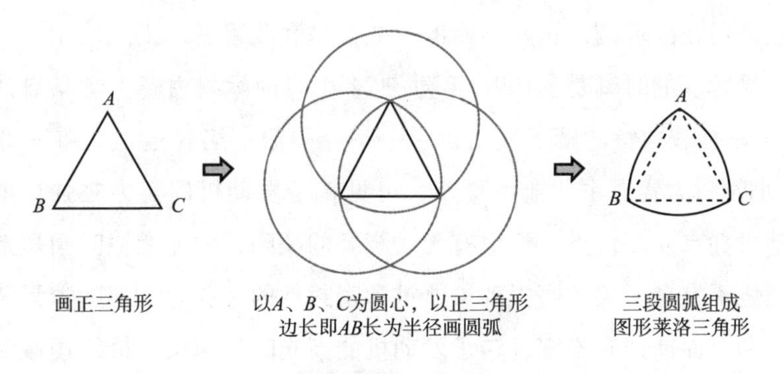

作图得莱洛三角形

打出方孔的钻头切面是莱洛三角形，其设计原理是：给定莱洛三角形，让它的中心点在一个近似圆形的轨迹上移动，旋转的莱洛三角形便凿出一个正方形孔。虽无法突破做到标准的正方形，但相比其他打孔方法已经前进了一大步。因为在从前，钻出方孔更多是先加工出圆孔，然后再将其锉成方孔，操作过程烦琐。另外需要注意，钻方孔的中心转动轴不是固定的，如果固定，则旋转的莱洛三角形也只能钻出圆洞。同理基于该特性，有的扫地机器人被设计成莱洛三角形形状，方便打扫墙角卫生。

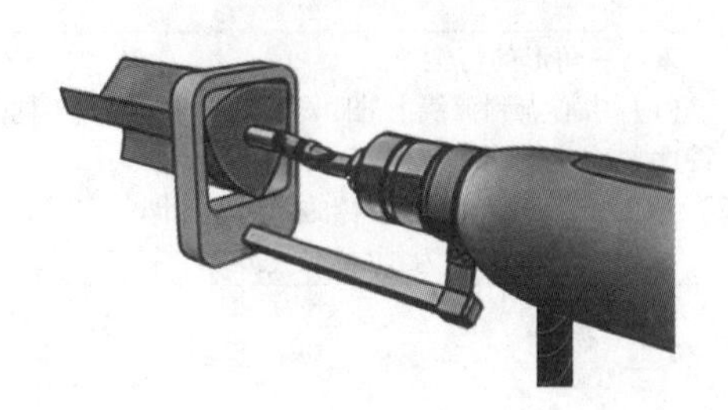
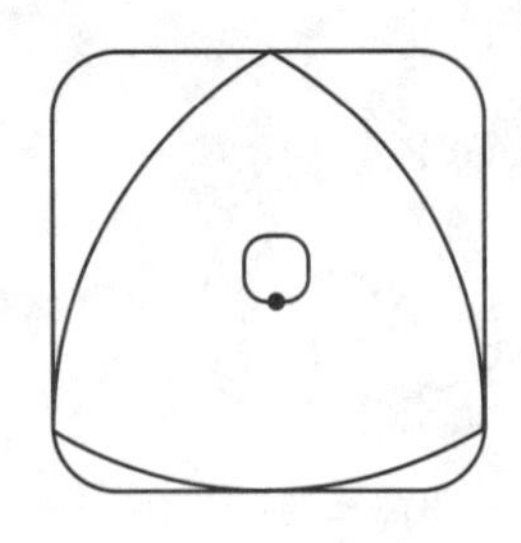

钻方孔钻头中的莱洛三角形

莱洛三角形曾被用来研发出一种新型发动机，以德国发明家菲加士·汪克尔（Felix Wankel，1902—1988）的名字命名，被称为汪克尔转子发动机。与传统常见的活塞往复式发动机的直线运动不同，转子发动机采用莱洛三角形形状的三角转子旋转运动来控制压缩和排放。它的结构更适合燃烧氢气，最为“干净”，有利于解决能源和环保问题，同时具有震动小、转速高、结构简单和重量轻等许多优势。转子发动机技术后来被日本马自达公司花巨资购入，在不断的失败尝试和改善后，正式使用于汽车生产上。最辉煌的时刻是，1991 年勒芒 24 小时国际耐力赛上，马自达车队 787B 赛车搭载独特的转子发动机，一举夺得第一名！这也是唯一夺得勒芒 24 小时耐力赛冠军的亚洲赛车，可见转子发动机的实力之强！虽然转子发动机拥有众多优点，但也有无法绕开的缺陷，例如燃烧时间短造成混合气燃烧不完全、尖角磨损现象严重和密封性的考验等。伴随着无法解决的缺点和全面铺开有难度，转子发动机的高光时代结束，最终慢慢从市场上消失了。

莱洛三角形被人们称为三角形中的“叛徒”，可以被用来作为轮胎。这打破了传统只有轮胎圆形的定律，也可以有其他形状作为轮胎。两个看似不圆的莱洛三角形轮胎，其运行相当平稳。因为莱洛三角形具有与圆形一样的特性“定宽性”，莱洛三角形与圆形有一样的称呼“定宽曲线”。所谓

转子发动机示意

（拍摄人：一花一菩提）

定宽曲线，就是如果用任意两条平行线去夹住一个图形，不论如何转动，平行线间的距离为定值，那么这个图形就是定宽曲线。莱洛三角形作为“定宽曲线”的一员，使它也获得了成为轮胎的资质。这种特性还可以将它用来搬运物品，会像圆形滚木一样非常平稳，不会发生上下抖动。

那么，为什么莱洛三角形形状的轮胎没有被青睐和广泛使用？一方面，相比较圆形轮胎，制作莱洛三角形要求更高的技术。另一方面，凸出的边角不耐磨，减少使用寿命。因此，莱洛三角形的轮胎更多只是令人惊叹，却没有用武之地，而圆形轮胎仍为轮胎界的主宰者。

另外事实上，除了莱洛三角形和圆形，定宽曲线还有许多，它们如此美妙因而被广泛应用。有些国家喜欢用定宽曲线设计硬币的轮廓，如英国的 20 便士和 50 便士、抗击疫情纪念章等都是 7 条弧的定宽曲线。

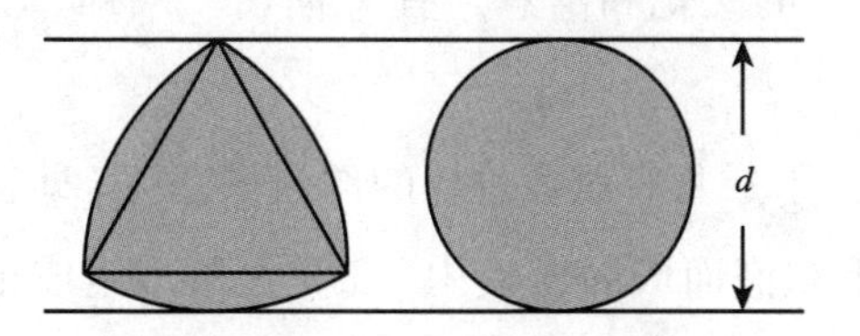

定宽曲线——圆与莱洛三角形

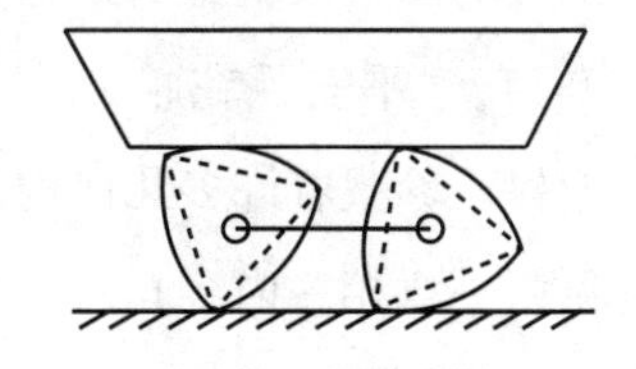

莱洛三角形的轮胎

英国的 50 便士

抗击疫情纪念章

除上述情形外，生活中还能发现莱洛三角形的许多应用。有些是因为其实用性带来方便，而设计成莱洛三角形。比如，裁缝用的划粉被设计成莱洛三角形，可以在方盒子里自由转动；莱洛三角形的矿泉水瓶和铅笔，方便抓握。有些将其用于设计中，是为了增加艺术美感或灵动性。比如，莱洛三角形的桌子、耳钉、杯垫和盘子；上海中心大厦以莱洛三角形为特点设计，其俯视图、墙上的图标和地上的灯柱等都是莱洛三角形形状。

生活需要慧眼发现，生活也需要无限创意！或许你也可以寻找到身边的莱洛三角形，或许你也可以开动脑筋用莱洛三角形进行设计。

中国传统窗棂与绘画中的几何

中国传统窗棂，不仅是遮风挡雨的窗户，还是一幅幅构造讲究的优美图案画。透过窗户，可以获得心灵的洗涤和宁静，从内心深处去感知这个世界，如同“今夜偏知春气暖，虫声新透绿窗纱”。窗棂还是一幅历史长卷，上面的图案画凝聚着源远流长的文化和寓意，有“福气”蝙蝠、“吉祥”葫芦、“平安”花瓶等。

窗棂还珍藏着许多几何构造，形成具有重要价值的“镶嵌图”（即密铺图，见第一章相关内容）。风筝形镶嵌而成的窗棂中，3 只风筝形组成正三角形，6 只风筝形组成正六边形。常用的“步步锦”窗棂中，横线和竖线按一定规律组合在一起形成矩形，镶嵌配以“卧蚕”“工字”雕纹，是“头头有笋、眼眼有撒”的式样构成典范，简洁、大方、雅致。“步步锦”寓意

“步步锦绣，前程似锦”，更有人评价其为“雅莫雅于此，坚亦莫坚于此矣”。冰裂纹式样应用广泛。冰裂纹模仿自然裂纹，不规则的几何纹样，灵活、错落有致地密铺。冰裂纹还被广泛用于瓷器制品以及其他装饰图案。

风筝形镶嵌的窗棂

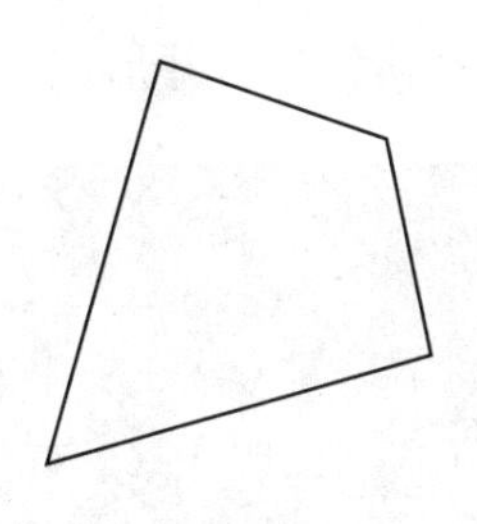

风筝形

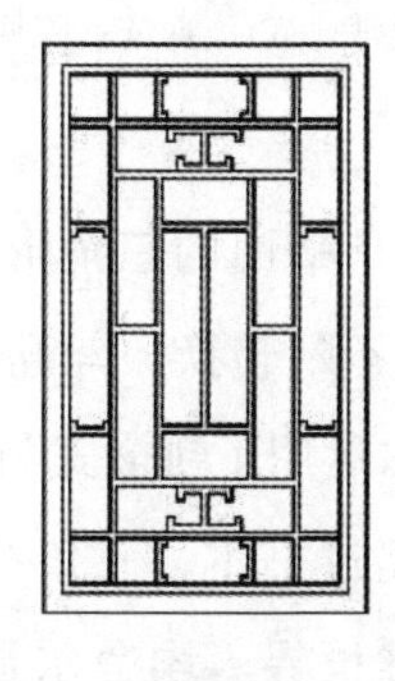

步步锦

冰裂纹

资料来源：马海娥，刘亚兰．浅析中国传统窗棂中的几何纹样装饰［J］．美与时代（上）：121－123。.

东方窗棂蕴含镶嵌艺术且历史久远，融合装饰美和内涵美。[①] 在西方有一位艺术家擅长利用数学原理创造出许多不可思议的传奇之作。他就是荷兰艺术家埃舍尔（Escher，1898—1972），自称“图形艺术家”。

埃舍尔热衷于运用镶嵌原理，据说是被西班牙阿尔罕布拉宫的魅力所吸引。这座宫殿被誉为西班牙的故宫，有“宫殿之城”“世界奇迹”之称，到处藏有惊人的美——金银丝镶嵌的圆形屋顶和星状彩色天花板等色彩鲜

① 王庚，张扬．中国传统窗棂形制的历史流变与设计应用［J］．设计，2022（2）：44－47.

艳的几何形纹饰。这里还是激发灵感之地，一些大公司制作新款围巾时会派设计师来此现场观摩，从色彩鲜艳的装饰中寻求设计灵感。埃舍尔也从阿尔罕布拉宫获得创作源泉，开始了他的几何图形创作生涯。

埃舍尔利用镶嵌中的平行移动、旋转、反射和滑动反射原理，创造出一系列经典作品，并形成一种绘画风格“镶嵌式”。

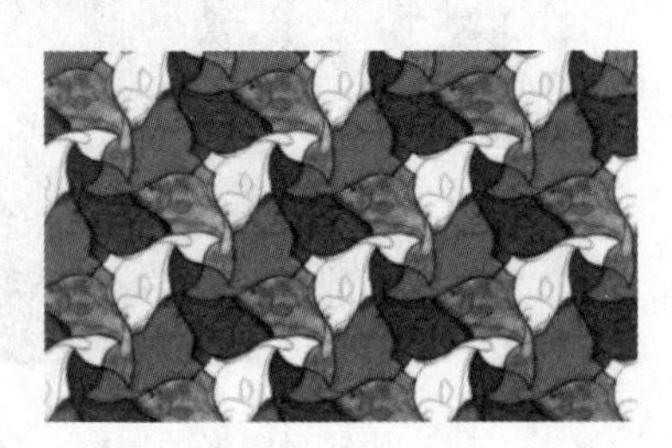

埃舍尔的镶嵌式作品

资料来源：紫图大师图典丛书编辑部．埃舍尔大师图典［M］．西安：陕西师范大学出版社，2003：27，33。

埃舍尔游走在这些图形的镶嵌中，不仅是平面的三角形、四边形或六边形，还经常将图形在二维空间与三维空间不断转换，勾勒出一幅幅“不可能”的传世之作。《蜥蜴》作品中，埃舍尔运用了镶嵌式与维度空间：蜥蜴从镶嵌的二维平面爬出进入三维空间，爬过书本、三角板和十二面体，跳入铜钵后，又爬到白纸上的图案回到二维世界。埃舍尔是一位魔法师，把二维和三维两个世界巧妙地连在一起，立体地呈现在人们眼前。

埃舍尔作品《蜥蜴》

资料来源：布鲁诺·恩斯特．墨镜：埃舍尔的不可能世界［M］．田松，王蓓，译．上海：上海科技教育出版社，2003：42。

生活中无处不在的几何应用

五星红旗：五角星

五星红旗是我国国旗，是我国的象征和标志。五星红旗为长方形，其长与高为三与二之比，旗面左上方缀五颗黄色五角星。一星较大，居左；四星较小，环拱于大星之右[①]。五颗五角星及其相互关系象征共产党领导下的革命人民大团结。四颗小五角星各有一角正对着大星的中心点，表示围绕一个中心而团结[②]。

五角星还代表"权威、公正、公平"，有"胜利"之意。因此许多国家旗帜上有五角星，还有很多国家的军队使用五角星作为军官军衔标志。

交通标识牌：正三角形　圆形　方形

交通标识牌常见有正三角形、圆形和方形三种几何形状。一般情况下，正三角形用作警告标志，黄底黑边；圆形是禁令标志或解禁标志，禁令标志是白底红边，解禁标志是白底黑边；方形是提示标志，蓝底或绿底与白边。

注意安全

禁止鸣笛

车道行驶标示

三种几何图形，三种不同用途的标识牌，图形选择的决定因素是什么呢？决定因素是几何图形的特性，主要是辨识度和信息容纳量两个特性。

---

① 资料来源：《中华人民共和国国旗法》。

② 中华人民共和国国旗［EB/OL］. http：//www. gov. cn/test/2005 –05/24/content_ 340. htm.

形状不同辨识度存在差异，面积相同时，三角形最容易辨识，其次是正方形，圆形最难辨识。正三角形的优点是锐角形状带来的最为醒目和容易辨识，缺点是不能更多地容纳图像信息。因此警示牌用三角形，常称为三角警示牌。圆形的缺点是辨识度最差，但在同样条件下，圆形标志牌面的图像、文字等显得大些，看起来更清楚。同样面积的圆形与方形，圆形在人的视觉中约大十分之一。因此，圆形与禁令标志匹配使用。

足球：正五边形　正六边形

足球起源于中国古代球类游戏“蹴鞠”，经阿拉伯人从中国传至欧洲，在欧洲土地生根发芽演变成今天看到的足球。

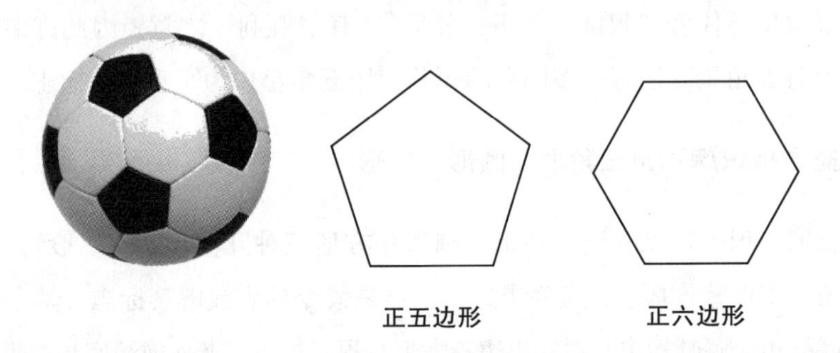

现在大多数球迷最熟悉的足球款式是黑白足球，表面由 12 块黑色的正五边形和 20 块白色的正六边形共 32 块皮革缝制而成。第一款黑白相间的足球，被称为“电视之星”（Telstar），诞生于 1970 年墨西哥世界杯足球赛上，黑白颜色设计的初衷是为了在电视画面上醒目。一经亮相，这款黑白足球便成为经典之作，并且如今依然是主流样式。

随着足球风靡兴盛，被誉为“世界第一运动”，但足球的身世起源依旧存在争议。直到 2004 年，北京第三届中国国际足球博览会上，国际足联和亚洲足联共同发声给出官方认定：中国是足球的故乡，中国淄博是足球最早的发源地！①

---

① 周雷，董海宇．足球运动［M］．杭州：浙江大学出版社，2017：5－6.

水管：圆柱体

水管基本都是圆柱体。同样长度的材料做平面图形，圆的面积最大；同样面积的材料做立方体，圆柱体的体积最大，圆柱体水管能让进出水最多。圆柱体还能让水管壁体受到的压强相同，不易爆裂破损，保证较高的稳定性。除了水管，粮仓、烟囱也多选用圆柱体。

粮仓
（拍摄人：sprokop）

圆柱体

钢琴：指数曲线

钢琴、小提琴等乐器的弧形轮廓很多时候是指数曲线。

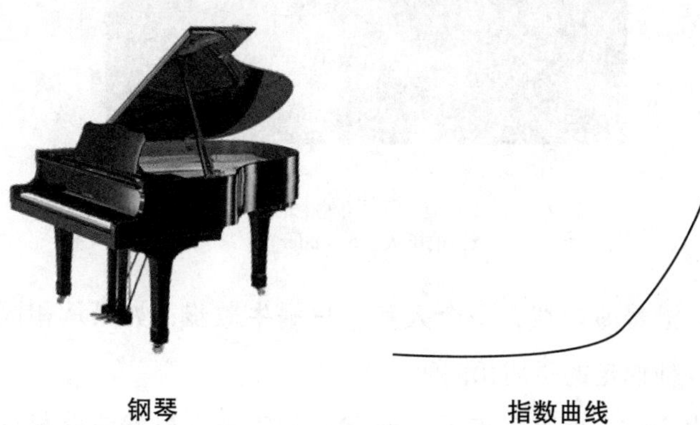

钢琴
（拍摄人：Rolmat）

指数曲线

第三章

新思想：分形与混沌

当我们用一种习惯或常规的眼光看待问题的时候，总会发现一些事情会超出已有理解，或者无法解决。那么，让我们换一种思维，换一种眼光，尝试重新来审视既有经验，重新看待生活。如此一来，在重新审视传统几何世界后，便会获得一个个崭新的世界——分形与混沌。让我们一起领略新世界里新思想的魅力。

海岸线的长度与分形

海岸线

（拍摄人：Susinder）

在海边，沿着海岸线，一个人和一只蜗牛散步，如果从相同的起点到达同一终点，他们走的距离相同吗？

有一个声音向全世界宣布了上面问题的答案：虽然线路相同，但人和蜗牛走的距离不会相同。如此坚定有力的声音，来自美籍法国数学家、计算机专家芒德勃罗（B. B. Mondelbrot，1924—2010）。1967 年，他在美国权威杂志《科学》发表了一篇文章，名为《英国的海岸线有多长?》，仅有 3 页的论文中指出：不论用多么标准和精准的尺子，你都无法得到英国海岸线长度的正确答案，因为根本没有准确答案!① 海岸线是蜿蜒曲折的，如果用 1 千米尺子测量海岸长度，那么小于 1 千米的弯弯曲曲部分势必被忽略，因为尺是直的。如果用 1 米尺子？小于 1 米的部分会被忽略，但相对用 1 千米尺子测量，用 1 米尺子测量长度会增加。随着尺子测量精度增加，1 厘米，1 毫米……海岸线测得的长度会不断增大。从某种意义上讲，任何海岸线都拥有无穷的长度。因此，当蜗牛与人沿着海岸线散步的时候，蜗牛爬行的长度明显大于人经过的距离。

为什么芒德勃罗会想到要研究海岸线的长度？明明许多书里都会有海岸线长度的记载，查阅一下便可知道结果。但事实上，正是这些数据带来更多疑问。当时有位科学家查阅欧洲百科全书，发现相邻国家对公共边界线的测定结果不完全相同，有些数据差异之大居然达到 20%。这些差距究竟来自哪里，又是什么原因造成？面对如此疑问，芒德勃罗并不是仅仅想一想，而是付诸行动进行研究，发现和提出著名结论：海岸线的长度无法相同，并随着测量工具精确度提高，长度只会越来越大。

事情到这里还没有结束，或者说一切仅仅是开始。芒德勃罗以此为突破口，继续探索研究，大自然中如同海岸线一样弯曲的不规则的曲线、形状和结构，是否藏有如同海岸线长度测量这样被我们忽略的秘密？他发现海岸线的局部和整体很相似，无论从远处还是近处观察都是弯弯曲曲的形状；树杈的形状和整棵树的形状非常相似；一小枝花椰菜和整个花椰菜的形状基本相同。你发现这个秘密了吗？自然界中局部与整体形状上相似的关系，这种关系在几何学上被称为“自相似性”。1975 年，芒德勃罗发表了划时代的专著《分形：形状、机遇和维数》，专门揭示自然界不规则图形的这一秘密——“自相似性”，并将其命名为“分形（fractal）”。自此，数学

① B. B. Mandelbrot. How long is the coast of Britain [J]. Science, 1967, 156 (3775): 636 - 638.

上一门独立学科“分形几何”诞生，芒德勃罗被称为“分形几何之父”。

说起来，“分形”一词也是芒德勃罗原创。据他自己讲述，在夏天一个寂静的夜晚，冥思苦想中偶然翻儿子的拉丁字典时得到启发，他将拉丁词“fractus（破碎）”的词首和英文单词“fractional（碎片的）”词尾合成，创造出“fractal”，本意为“不规则的、破碎的、分数的”。后来，在20世纪70年代末分形理论传到中国，“fractal”被译为“分形”。

分形理论打破了传统几何学的局限，从研究直线和圆等简单化、模型化、规则化的世界，扩充到如海岸线一样复杂、不规则和混乱的结构与现象。

体现不规则的分形的重要特点是“粗糙和自相似性”，客观世界中更多的图形是分形。如，冬天里的雪花，食物中的花椰菜，起伏不平的山脉，变幻莫测的云朵，纵横交错的血管，无法复制的掌纹和指纹，雷雨天的闪电，粗糙的树皮，雄浑壮阔的地貌，满天闪烁的繁星，蜗牛爬过的路线等。观察分析，分形一般是具有如下性质的集合：

（1）具有精细结构，即在任意小的比例尺度内包含着整体，或者说分形集都具有在任意小尺度下的比例细节。

（2）不规则，无法用传统的几何语言描述。

（3）具有某种自相似性，可能是近似的或者是统计的。

（4）在某种方式下定义的“分形维数”，通常大于其拓扑维数（拓扑维数是指传统几何中，空间是三维，平面是二维，直线或曲线是一维，点是零维）。

（5）定义往往非常简单，或许以变换的迭代产生。

自然界中如此多的分形，具有局部与整体的自相似性，局部特征可以放大到整体特征，因此观察局部就可以了解全局，达到“见一知十”或“窥一斑而知全貌”的效果，从而揭秘杂乱无章世界背后存在的规律。于是，科学家们走入分形的世界，通过构建简单公式，利用从局部到整体的自相似性进行迭代，竟然仿真出蕨类植物、雪花、熔岩流和山脉等。一方面，自然界中不规则图形被生动描绘，分形的美让大众感叹和倾倒，就连艺术家都对其青睐有加；另一方面，对不断变化的宇宙和自然界的进化过程的研究中，科学家们找到了一种新方法与新途径，可以在混乱、无规则和复杂的现象中寻找规律和获得解释。比如，植物生长中，不断发出新枝和新根；起伏不平的山脉，在侵蚀、地壳运动等过程中，自然形成并不断变化。

自然界中迷人的分形

松树枝

闪电

（摄影人：dimabl）

蒲公英

（摄影人：Flynt）

花椰菜

（摄影人：bdspn74）

云彩

山

干裂的土地
（拍摄人：AnnaTamila）

树叶

分形技术仿真模拟后的图片

分形树叶

分形花
（制作者：applea）

分形云彩
（设计者：agsandrew）

分形行星
（设计者：KeilaNeokow）

分形自然环境仿真①

分形大海仿真②

分形猫头鹰眼睛

（设计者：Kodo34）

经典分形图案——科克曲线

科克曲线（Koch curve）是瑞典科学家科克（H. von Koch）在 1904 年构造的一种曲线。科克曲线又被翻译为科赫曲线。因为其形状像雪花一样，被称为雪花曲线。它常被用来制作雪花模型、模拟海岸线，使几何学和大自然实现了无缝对接。③

① 武文杰．基于虚拟现实技术的大场景自然环境仿真的研究［D］．长春：吉林大学，2019：38.

② 皮学贤．大规模自然场景建模与绘制［D］．长沙：国防科学技术大学，2006：128.

③ 江南．分形几何的早期历史研究［D］．西安：西北大学，2018：36.

这个曲线的构造方法如下：

（1）首先取一个边长为1的正三角形；

（2）将正三角形每边三等分，并以中间的那一段为底边向外侧凸出做一个正三角形，然后去掉底边，形成像雪花的六角形（有12条边，长度为$\frac{1}{3}\times 12=4$）；

（3）将上述六角形的每边三等分，重复上述作图方法，得到一个更像雪花的图形（有48条边，长度为$\frac{1}{9}\times 48=\frac{16}{3}$）；

（4）再按上述方法不断重复，无限次做下去，一片漂亮的雪花就形成了，这个曲线就是科克曲线。

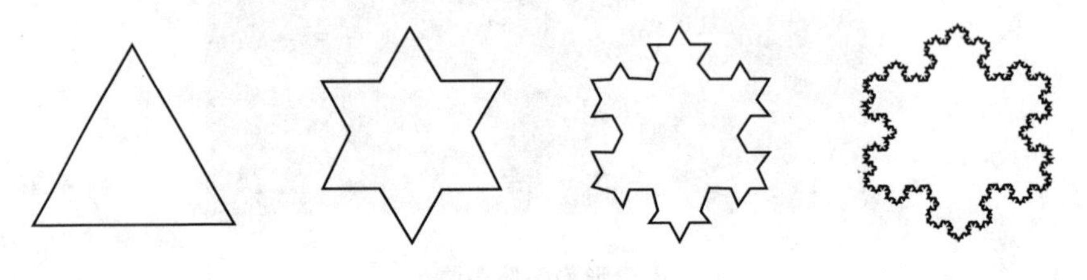

科克曲线（雪花曲线）

留心观察会发现，每重复一次其长度会扩大$\frac{4}{3}$倍；如此无限次重复，当测量尺的单位长度趋于零的时候，科克曲线长度是无穷大。但从整体来看，科克曲线的面积是有限的，始终没有超出一定范围。于是出现了，有限的面积内包含无限的长度。

到这里结束了吗？答案是：还没有结束。再仔细分析科克曲线的重复步骤并观察图像，我们可以发现“自相似性”：科克曲线自身的任何一个局部，经过放大后都与整体非常相似；或者每一个局部中的边经过三等分，形成外凸正三角形，擦掉底边；如此循环后，与整体非常相似。因此，科克曲线具有拓扑性。

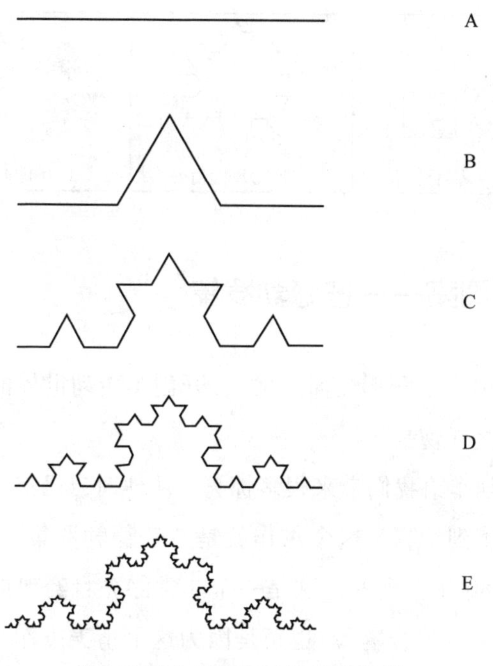

科克曲线中局部与整体的自相似

我们认知的世界是具有维度的空间，直线和曲线是一维空间，即维度为1；平面是二维空间，即维度为2；立体空间是三维空间，即维度为3。科学家们认为，大千世界绝不仅仅是这三个维度空间，应该存在四维空间，或者应该有其他特别空间和特别维度，正如《哈利·波特》中$9\frac{3}{4}$车站一样，有一个特殊维度通向魔法世界。

雪花形状的科克曲线，会是多少维度呢？是一维，二维，还是三维？还是像$9\frac{3}{4}$车站一样的特别维度？首先，科克曲线的维度大于1，因为一维的直线面积为零，但科克曲线有面积，所以它的维度比一维大。其次，科克曲线的维度小于2，因为它不能铺满整个平面，只存在有限面积，所以科克曲线的维度又比二维小。最终根据维度计算公式，科克曲线实际为1.2618维——真的是一扇不同的魔法门！

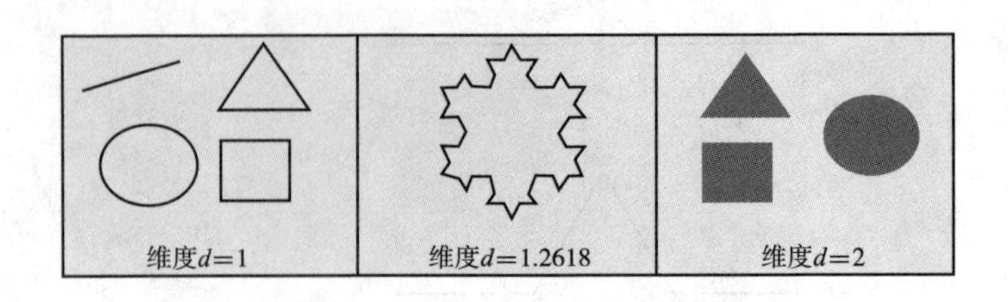

经典分形图案——芒德勃罗集

芒德勃罗被称为“分形几何之父”，开创了轰动世界的分形时代，他被授予这个称号当之无愧！

他的研究和创作给我们带来很多惊喜，从他对自己杰作的称呼来看，他也对自己的成果感到惊喜。这个杰作就是“芒德勃罗集”（Mandelbrot set），是芒德勃罗在 1980 年发现的，这是一个非常漂亮且经典的分形图案，并被他自己称为“魔鬼的聚合物”。也正是因为这个精美杰作和创造，芒德勃罗在 1988 年获得“科学艺术大奖”。

芒德勃罗集，简称 M 集，在复平面上用公式 $z_{n+1}=z_n^2+c$ 迭代构造出来。时至今日，它依然被认为是最复杂的集合和图形。但在这经典杰作中，却拥有美妙的、变幻无穷的图案，你可以寻觅到数不胜数的梦幻般的图案，有日冕，有火焰，有旋涡，有闪电，有繁星点点。它如此美丽，吸引了众多科学家和爱好者；也正是因为如此美丽，让许多人喜欢并开始踏上分形的征途。M 集成为分形的标志之一，它拥有如此多的与众不同，人们甚至觉得“魔鬼的聚合物”都不足以形容它，所以又赋予它另外一个名字“数学恐龙”。

观察绚丽多姿的 M 集，它的每一个局部不仅拥有无比梦幻的图案，而且局部与整体非常相似；这里的局部可以被无限放大下去，在无穷无尽的美妙瑰丽图案中不断找到相似的地方。

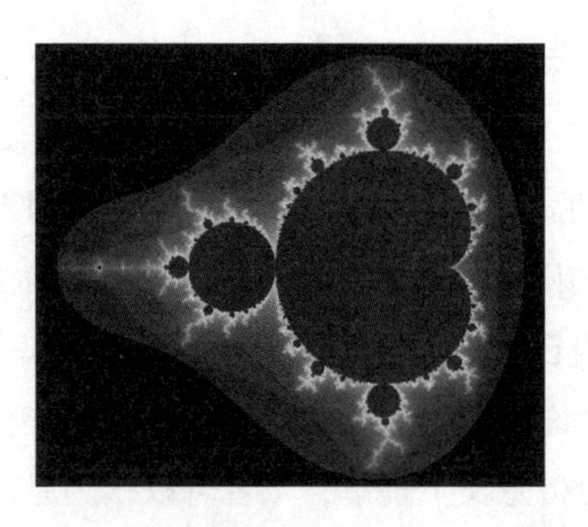

芒德勃罗集（M 集）

M 集的局部放大 1

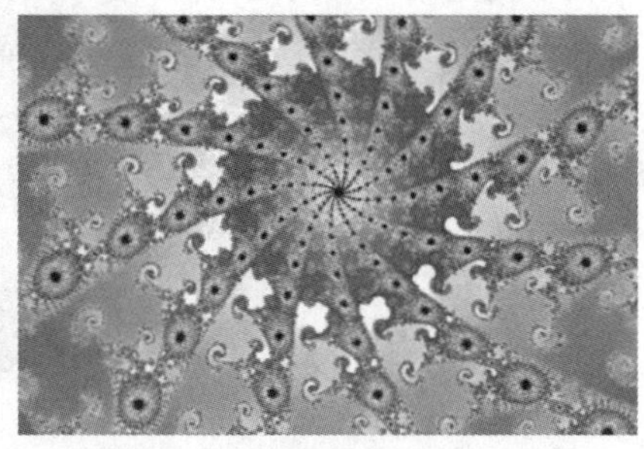

M 集的局部放大 2

M 集的峡谷放大：大象山谷

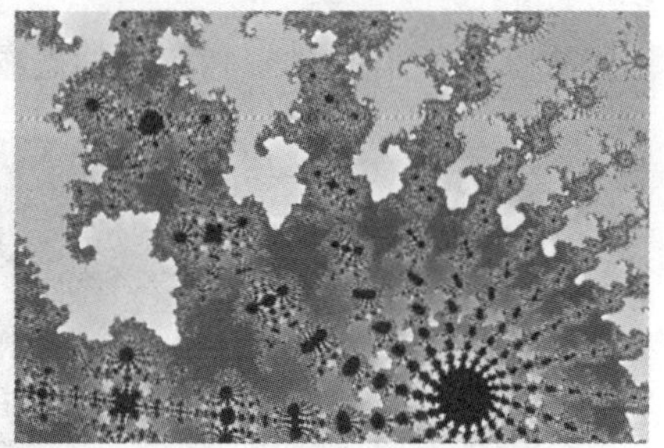

M 集的峡谷放大：海马山谷

经典分形图案——朱丽亚集

朱利亚集（Julia set）是根据法国数学家加斯顿·朱利亚（Gaston Julia）的名字命名的。朱利亚集，简称J集，是将公式 $z_{n+1}=z_n^2+c$ 中 c 值固定后，反复进行迭代无穷次后，不发散的点的集合便可得到一个朱利亚集。如果取到不同的 c，会出现什么情况？就会得到不同的朱利亚集，看到不同的五彩缤纷的图案：兔子、海马、岛屿、宇宙尘、玩具风车……在这里，你可以发挥自己的想象空间，为迷人的图案起个更形象的名字。

如果仔细观察，你会发现朱丽亚集与芒德勃罗集公式似乎一样。二者之间是什么关系？通俗意义上理解，二者可以认为是现实中的亲戚关系一样。在芒德勃罗集图形上的每一个点，就会对应一个朱丽亚集。

为了纪念著名数学家加斯顿·朱利亚对分形的贡献，谷歌（Google）公司曾将其图标logo改成朱利亚集的分形图案，并展示了公式 $z_{n+1}=z_n^2+c$。

谷歌 logo

资料来源：Google Logo 库。

下面欣赏 c 不同时朱利亚集的美丽图案：

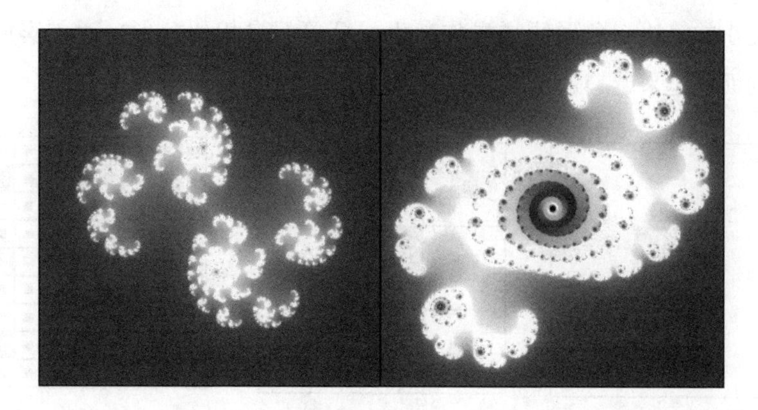

（图制作者：Panda Wild）

其他经典分形图

下面几个图案都是经典分形图，你能找到局部与整体如何相似吗？

谢尔宾斯基三角形（Sierpinski triangle）由波兰数学家 W. 谢尔宾斯基（W. Sierpinski，1882—1969）在 1915 ~ 1916 年构建，用作超导现象和非晶态物质的模型。它的操作方法为，先作一个正三角形，在这个正三角形内作 4 个相同大小的正三角形，挖去中心的小正三角形，不断把等边三角形分

解成更小的等边三角形同样操作，生成简单的自相似分形。谢尔宾斯基三角形的面积越来越趋近于零，对应三角形周长却趋近于无穷大。

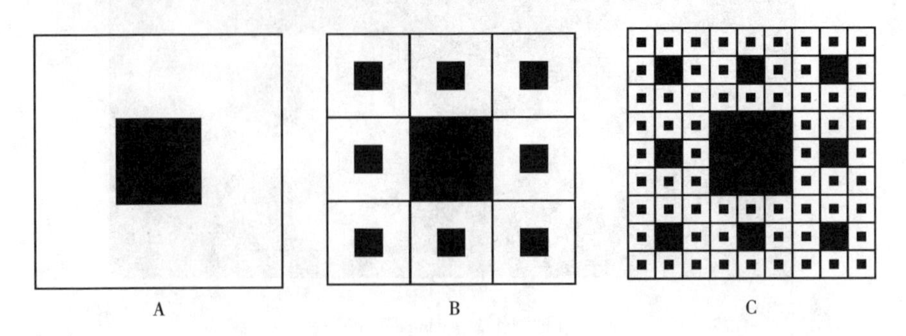

谢尔宾斯基地毯（Sierpinski carpet）以一个正方形为基础得到，将其九等分划分为 9 个小正方形，抠去正中间小正方形，再对余下 8 个小正方形重复同一操作，依此无限抠下去生成自相似分形谢尔宾斯基地毯。它是由谢尔宾斯基构建的一种分形。

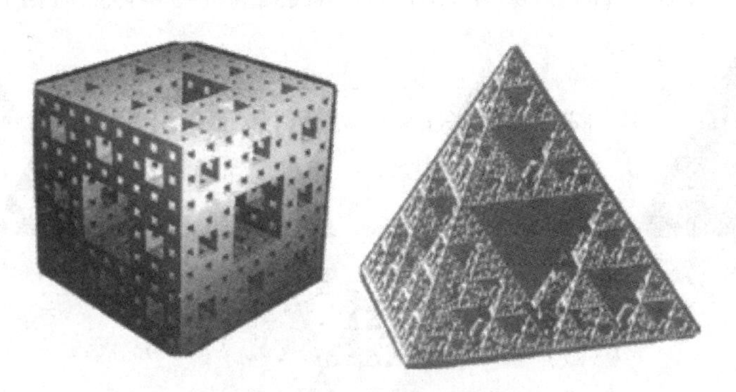

门杰海绵和谢尔宾斯基金字塔

资料来源：易南轩，王芝平. 多元视角下的数学文化 [M]. 北京：科学出版社，2007：243。

门杰海绵（Menger sponge）与谢尔宾斯基金字塔（Sierpinski pyramid）看起来“百孔千疮”，里面有无数通道，连接着无数窗户，体积趋近于零，但却拥有无穷大的表面积。门杰海绵由奥地利数学家门杰（K. Menger）创造，是谢尔宾斯基地毯在三维空间中的推广，在正立方体上打孔。谢尔宾斯基金字塔是谢尔宾斯基三角形在三维空间中的推广，在正四棱锥上挖洞。它们两个是化学反应中催化剂或阻化剂的结构模型。

皮亚诺曲线（Peano curve）由意大利数学家皮亚诺（G. Peano）在 1890 年创造。将一条线段三等分，以中间一段为边分别向线段两侧各作一个正方形，如此继续无穷操作下去，便会得到皮亚诺曲线。观察会发现，这条自相似曲线最终能填满整个正方形区域。

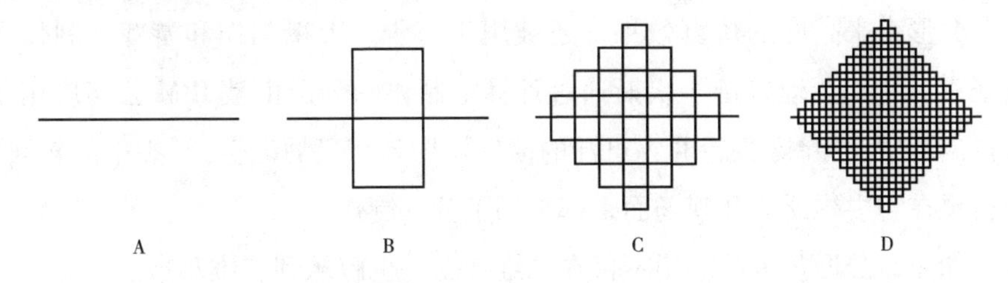

A　　B　　C　　D

分形的应用

音乐中的分形

分析音乐中的旋律会存在自相似小段的重复性；或者利用自相似原理和一定算法的迭代，可以构建一些带有自相似小段的合成音乐。随着节奏方面的变化，自相似小调反复循环播放，这样创造的音乐效果极具表现力，听起来很有趣。

有人将著名的芒德勃罗集（M 集）转化成音乐，从视觉转化为听觉，并取名为《倾听芒德勃罗集》。通过在芒德勃罗集上扫描，会得到一些数据，将其转化成乐曲中的音调，便获得了音乐中的分形。而且，芒德勃罗集所表现的分形音乐，效果非常棒。

有人提出疑问，我国古琴音乐是否有分形？为了回答这一问题，有研究者选取大量古琴曲进行分析，结果是绝大多数的曲目中存在分形。特别有《阳春》《华胥引》以及《古逸丛书》中管平湖打谱的《幽兰》，将乐谱转化成分形图形，效果绚丽，美妙无比。国外乐曲中能达到如此效果的有莫扎特的 F 大调《奏鸣曲》及 A 大调《奏鸣曲》等。①

① 项葵．古琴音乐中的分形几何［J］．艺术教育，2006（4）：122－123.

艺术中的分形

分形中的彩色图案，颜色瑰丽，极具艺术性。这些图案被广泛用于挂历、台历、贺卡、陶瓷品、时装、电话IC卡和邮票等。

分形带来高度的仿真效果，还被用于广告、影视制作和游戏，制作逼真场景。比如，理查德·沃斯通过计算机制作的分形山被IBM公司应用于宣传广告中；《星际旅行Ⅱ：可汗的愤怒》中新行星的诞生，《杰蒂的轮回》中行星在空中飘浮的壮观场面，都采用了分形制作。

如今，分形艺术的应用不仅在二维静态，也跨越到三维动态。

已经退出历史舞台的电话IC卡上印有分形图案

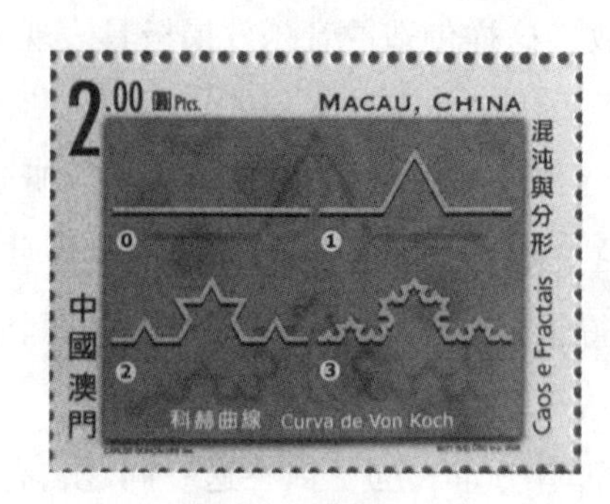

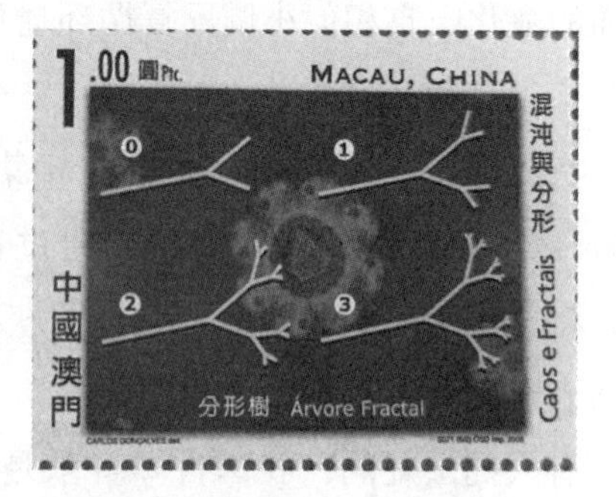

中国澳门邮票（2005）“科学与科技：混沌与分形”

生物界中的分形

美国一位数学家用分形进行仿真，构建了一块沼泽地的生态系统模型。将分形地图与沼泽地动植物构成的地图相比较，神奇的是，不需要查阅很多历史资料，分形地图居然能告诉我们，哪些物种在竞争中能生存下来。目前，分形是生态系统处理的一种主要手段，描述和预示其演化进程。

漫画集《分形》中的分形

国外曾出版过一本漫画集，名为《分形》，作者阳·斯蒂伐。书中两名主人公一起旅行，结果碰到形形色色的分形集。通过漫画形式，复杂的分形理论变得赏心悦目、通俗易懂。

在分形出现后，许多科学家希望能给一本童话写个续集，这本童话书就是《爱丽丝漫游仙境》。而在科学家设想的续集里，爱丽丝重回仙境，她将碰到无穷无尽的分形图案，走的路是科克曲线，住的是门杰“海绵”式的房子，房间铺的是谢尔宾斯基“地毯”。分形无穷无尽的图案，将会给爱丽丝带来烦恼还是快乐？

用数学知识写成小说等出版物，《分形》并不是第一本。在1884年出版的一本数学童话《扁平国》中，就讲述了球体访问正方形的故事，在三维空间与二维空间中相互转换，偏离常规的几何思维，引起人们极大的兴趣。

分形其他应用情况

我国一位科学家将分形理论用于纤维制造，让化纤呈现天然纤维的形态、风格和手感。用此技术生产的产品实现批量化并被出口，经济效益十分可观。①

实际上，分形应用远不止如此。作为一门新兴学科的分形，广泛渗透于各个领域——医学、经济、地质等，数不胜数。分形的美，让人流连忘返；分形的美，为人类打开又一扇知识殿堂的门。

“失之毫厘，谬以千里”与蝴蝶效应

《礼记》中有：“君子慎始，差若毫厘，谬以千里。”这句话正是常说的

---

① 付建西，谢延华．为了让人们穿上优质化纤衣——记北京服装学院高绪珊教授［J］．北京教育：高教版，2003（9）：1.

“失之毫厘，谬以千里”，它告诉我们开始一点点差错，结果会造成很大的错误。也正如“千里之堤，溃于蚁穴”，警示世人不能忽略任何微小的差错。

几千年后，这段经典又衍生出一个新的版本。

美国麻省理工学院气象学家爱德华·诺顿·罗伦兹（Edward Norton Lorenz，1917—2008）研究预报天气，利用计算机进行模拟，求解仿真地球大气的13个方程式，希望由此提高长期天气预报的准确性。1963年在一次试验中，为了更细致地考察结果，他把一个中间解0.506取出，提高精度到0.506127再送回，重新进行推演计算。而当他喝了杯咖啡回来一看，竟大吃一惊：本来很小的差异，结果却相差十万八千里！①

一开始他怀疑是不是计算机出现问题，但检查发现一切运转正常。于是，罗伦兹认定，他发现了一个新现象“有些问题对初始数据非常敏感，具有极端不稳定性”，即一个微小误差随着不断推移会造成巨大后果，而且误差会以指数形式增长。1979年12月，在华盛顿美国科学促进会上，罗伦兹作了一次演讲，用一个比喻介绍了新发现：一只蝴蝶在巴西扇动翅膀，有可能会在美国的得克萨斯州引起一场龙卷风。无论是罗伦兹公布的新发现，还是他那夸张的比喻，都给人们留下极深的印象。从此以后，罗伦兹的新发现被赋予“蝴蝶效应”之美名，并声名远播。

混沌理论中罗伦兹吸引子的相图：蝴蝶效应因其外形而得名

（设计者：zentilia）

---

① 林阅海．左右我们生活的28条潜规则［M］．北京：企业管理出版社，2010：63.

在西方民间流传着一首民谣[①]，也能很好地说明“蝴蝶效应”，这首民谣是：

丢失一颗钉子，坏了一只铁蹄；

坏了一只铁蹄，折了一匹战马；

折了一匹战马，伤了一位骑士；

伤了一位骑士，输了一场战斗；

输了一场战斗，亡了一个帝国。

你能想象到，马蹄铁上的一颗小钉连着一个帝国的命运吗？一颗钉子丢失这样一个初始条件的微小变化，带来一连串效应，最终结果却是影响全局的帝国存亡问题。这就是政治和军事领域中的所谓“蝴蝶效应”。

如今，“蝴蝶效应”常被用于一段时间难以预测的复杂系统，如天气、股票市场等，关注微小部分对整体的影响。一个坏的微小机制，如果不加以及时引导、调节，会给社会带来极大的危害，被戏称为“龙卷风”或“风暴”；一个好的微小机制，通过正确引导，经过一段时间的努力，将会产生轰动效应，或称为“革命”。[②] 这便是社会学界对蝴蝶效应的说明。

“蝴蝶效应”与混沌理论

“蝴蝶效应”现象开创了一个新领域“混沌学”，罗伦兹也因此被称为“混沌学之父”。其实，从“蝴蝶效应”到混沌学科，这个过程本身就能体现罗伦兹的“蝴蝶效应”结论。

那么，什么是“混沌”？我国及古希腊哲学家很早就提出“混沌”二字，只不过他们的“混沌”指宇宙在未形成之前是混乱的，慢慢才形成今天有条不紊的世界。如今，“混沌理论”引用“混沌”这两个字，意在表明“表面上看起来无规律、不可预测的现象，实际上都有自己内在的规律”。

---

① 王玮．无处不在的数学［M］．广州：世界图书出版公司，2009：123.

② 林阅海．左右我们生活的28条潜规则［M］．北京：企业管理出版社，2010：63.

混沌学的任务正是寻求混沌现象背后规律可循的因素和不可预测的变数，尤其要关注影响全局的变数，对其加以处理和应用。

混沌理论的提出，犹如一颗小石子投入湖里，引起的却是圈圈涟漪，打破了众多传统观点。传统观点理念之一，人们总是在寻找规律，用公式、图像、数字等表示规律，但却忽略那些无法预测的不规律现象；传统观点理念之二，系统的长期行为对初始条件并不敏感，即初始条件的微小变化对未来状态所造成的差别也是微小的。而新思想混沌理论的观点是，许多规律性的背后隐藏着无规律性，呈现失序的混沌状态需要进一步研究，并且初始条件的微小变化经过放大对未来状态的影响巨大。

让我们看一个案例，进一步说明传统观点与混沌理论新观点如何不同。有一条小河，河水稳定流淌，在水面同一个位置分次放两片相同树叶，它们漂流的路径会是什么情况？传统观点认为，事物按照规律运行，树叶飘行的轨迹应该是一致的。可经过观察和记录发现，最初一段它们运行的路径几乎一样，但到了后面却开始出现差距，到一定距离以外则完全不一样。一切并不如人们预想的那样按规律运转，按混沌理论新观点解释，其原因在于，根本没有两片完全相同的树叶，两次放树叶的位置也不可能完全相同，正是初始数据这些微小的差别，经过不断放大，最终结果却是大大不同。

再来看看混沌理论与传统观点的另一点不同。混沌理论认为世界是非线性状态，不是常常被认为的线性的成比例关系。两个眼睛的视敏度不是单个眼睛的 2 倍，而是达到了 6 ~ 10 倍，正是非线性的典型特征 $1+1\neq 2$ 或者说 $1+1>2$。激光的生成也是非线性状态，不同电压下激光器呈现效果不同，电压较小时激光器的光向四面八方散射；电压达到某一定值时，就会发出相位和方向一致的单色光，于是就有了重大发明激光的生成。生活中非线性无处不在，处处有混沌。

许多科学家意识到“混沌”的巨大意义，纷纷投入研究，希望解决他们所面临的困惑或难题。如，经济学家试图用混沌理论预测股市行情，社会学家期望用它来认识和评价经济危机，天体物理学家则试图用它解释宇宙起源……混沌理论正深入人们生活中的各个领域，不断展示着它的魅力！

“混沌”中的现象与应用

鸟群的“混沌运动”①

空中自由自在飞行的鸟儿，有的单独行动，有的成群结队。这些鸟儿在空中如何确定自己飞行的线路，尤其是成群的时候，如何确保不会碰撞到一起呢？

有一位动物学家赫普纳专门对鸟群运动进行研究，他花费了大量的时间和精力进行拍摄和分析，得出结论：鸟群中并没有领导者，它们在飞行中能维持一种动态平衡，并且鸟群前缘的鸟以简短的间隔更替轮换。

后来，赫普纳在他的研究中引入混沌理论，试图模拟鸟群的可能运动，并通过计算机进行演示。他归纳出以鸟类行为为基础的 4 条简单规则：（1）鸟类或被吸引到一个焦点，或栖息；（2）鸟类互相吸引；（3）鸟类希望维持定速；（4）飞行路线因阵风等随机事件而变更。赫普纳试图对鸟群运动提出一些解释，解释看似没有规律的、混沌的鸟群飞行背后隐藏的那些本质，但他自己不认为已经完全揭示鸟群飞行形式的秘密，还需要继续研究。

鸟群

（拍摄人：Wollwerth）

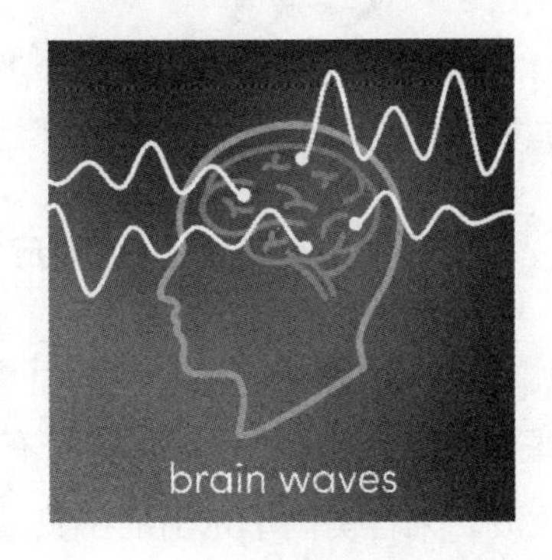

脑电波

（设计者：marina_ua）

① 王玮. 无处不在的数学［M］. 广州：世界图书出版公司，2009：121.

癫痫病的治疗预想①

人的生命里藏有许多奥秘，科学家们一直试图破解它们。比如，科学家发现生命体中存在相关的规律，如心电图有一定的周期性，但细看它的图像又不是真正的周期函数，于是科学家把正常人的心电图归入混沌运动中。

除此之外，人类的脑电波也如心电图情况一样。有研究结果表明，正常人的脑电波是一种混沌运动，不呈现周期性，但癫痫病患者的脑电波则呈周期变化。所以，当癫痫病患者的脑电波从混沌状态开始转变为周期性时，预示着就要发病了。

由于癫痫病的发病是不定期性的，为了监控病情发作，有人提出在患者体内植入芯片，通过芯片监控患者脑电波，如果有周期性迹象时则尽快将患者送入医院治疗。还有人提出设想，当患者脑电波呈现周期性时可以刺激芯片，使其恢复混沌状态，就不会发病且保持身体状态稳定。但我们现在已经知道初始数据的微小变化会造成极大的后果，所以刺激芯片的量多大才合适？会不会稍微力度不对，就会造成生命危险。因此上述一切还只能是大胆设想。

虽然，我们已经知道癫痫病和脑电波的关系，但不论是上述提到的解决方式还是其他设想，目前都处于试验阶段，还需要进一步研究。

生活中处处有“蝴蝶效应”

1997 年初，经济形势一片大好，东南亚经济状况稳定，就连国际货币基金组织（IMF）也对其称赞有加。殊不知，风平浪静下正酝酿着一场巨大风波。来自美国华尔街的一只“大蝴蝶”，引爆了一场波及整个东南亚的金融风暴。这只“大蝴蝶”就是国际金融大炒家乔治·索罗斯，他骤然大幅沽售泰铢，泰铢不断贬值，泰铢兑换美元的汇率屡创新低。随后，他转战

① 顾沛．数学文化［M］．北京：高等教育出版社，2018：107－108.

菲律宾、印度、新加坡等国家，引发了整个东南亚的金融大危机。最后，这场金融风暴持续一年之久，惊骇了亚洲甚至全世界人民，当时 IMF 与七国集团（美国、英国、法国、德国、日本、意大利、加拿大，简称 G7）也束手无策。这一次，泰国损失极为惨重，经济陷入谷底。[①] 这次金融风暴让人们真正经历"蝴蝶效应"，并意识到"蝴蝶效应"会对金融和经济产生巨大影响。

2008 年，全美第三大投资银行，有 158 年历史的雷曼兄弟公司突然倒下，宣布破产，让世界再一次感受到"蝴蝶效应"。它的破产，让世界金融市场旋即陷入了 20 世纪 30 年代以来从未有过的危机，金融系统濒临崩溃，全球股市大幅下跌，全球经济受到冲击。[②]

今天的网络时代，"蝴蝶效应"现象日趋增多。比如"凡客体""咆哮体"等网络体，改变着人们的观念和习惯；网络语"美眉""灌水"等，带来汉语词汇的增加。网络中一张照片、一句话的转载，已经无数次带来巨大的社会反响。如今，网络带来的"蝴蝶效应"远不止这些，其影响后果甚至超乎人们的想象。

---

① 雷达，李宏凯．亚洲金融危机告诉了我们什么［M］．北京：中国财政经济出版社，1999.

② 白川方明．动荡年代［M］．裴桂芬，尹凤宝，译．北京：中信出版集团，2021.

第四章

美的标准：黄金数

望向窗外时，窗外风景美还是不美？艺术家们会用各自审美标准来评判，有人钟爱阳春白雪，有人喜爱下里巴人，正所谓“萝卜白菜，各有所爱”。那么，有没有统一标准来评判美？只要符合这个美的标准，就会获得众人认可，而不会众说纷纭。答案是有的！在数学界，就有一位美学大师代表着美的权威，让众人对美有了共同认可。这位数学界的“美学大师”就是0.618，用希腊字母Φ表示，它被文艺复兴时期艺术大师达·芬奇赋予美丽名称“黄金数”。正是有了这位“美学大师”黄金数0.618，美就获得了统一；也正是有了这位“美学大师”黄金数0.618，图形和风景最和谐、最优美，一切都变得赏心悦目。

那么，要如何确定美的标准“黄金数0.618”呢？

黄金分割与黄金数0.618

黄金分割

我们遵从先简单再复杂的认知规律来确定如何获得黄金数0.618。最简单的形式是一条线段，那么如何明确这条线段中的黄金数0.618？

给定一条线段AB，C点将它分成两段，如果较小部分与较大部分的比值等于较大部分与整体部分的比值，即

$$\frac{AC}{BC}=\frac{BC}{AB}$$

此时该比值就是黄金数0.618。这个比值是对线段分割得到的比例，因此又被称为黄金分割比或黄金分割。分割点 C 点被称为黄金分割点，一条线段有两个黄金分割点。

将线段进行黄金分割，较大部分的长段占整体的0.618，此时的比例最能给人们带来美的感受，因此人们也常称之为“黄金比例”。

A　　C　　B

$\frac{AC}{BC}=\frac{BC}{AB}=0.618$　较小与较大的比值等于较大与整体的比值

亲兄弟：1.618与0.618

当黄金数0.618存在时，美丽就会降临，带来视觉盛宴。但在提到黄金数0.618时，经常还会提到另一个数字1.618，甚至也将1.618称为黄金数。究竟是称呼混乱，还是有二者之间有什么关联？

事实上，的确存在将0.618和1.618都称为黄金数，之所以如此，就是因为两个数字之间有着非常有趣的关系。即二者互为倒数关系，1.618的倒数是0.618，0.618的倒数是1.618。而且这一倒数关系也令它们十分独特，其他任何数字都没有发现存在这种关系。

作图得黄金分割点

假设有线段 AC，且长度为1，可作图得到 AC 的黄金分割点。作法如下：

（1）以 AC 为直角边，做直角三角形 ABC，其中另一条直角边 $BC=\frac{1}{2}$；

（2）根据勾股定理 $AB^2=AC^2+BC^2=\frac{5}{4}$，得 $AB=\frac{\sqrt{5}}{2}$；

（3）以 B 为圆心，$BC=\frac{1}{2}$为半径作圆，交 AB 于点 D，则：

$$AD=AB-BD=\frac{\sqrt{5}}{2}-\frac{1}{2}=\frac{\sqrt{5}-1}{2}$$

(4) 以 A 为圆心，AD 为半径作圆，交 AC 于点 E，则有：

$$AE = AD = \frac{\sqrt{5}-1}{2} \approx 0.618\text{(黄金数)}$$

点 E 就为线段 AC 的黄金分割点，E 分线段 AC 得到黄金分割。

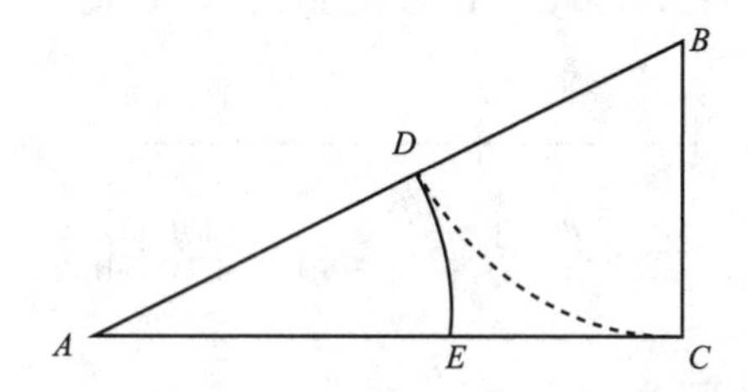

通过上述四步，可以得到线段 AC 的黄金分割点是 E，E 分割线段 AC 视觉效果最佳，即：

$$\frac{CE}{AE} = \frac{AE}{AC} \approx 0.618$$

折纸得黄金分割点

与画图相似，我们可以通过折纸得到黄金分割点。

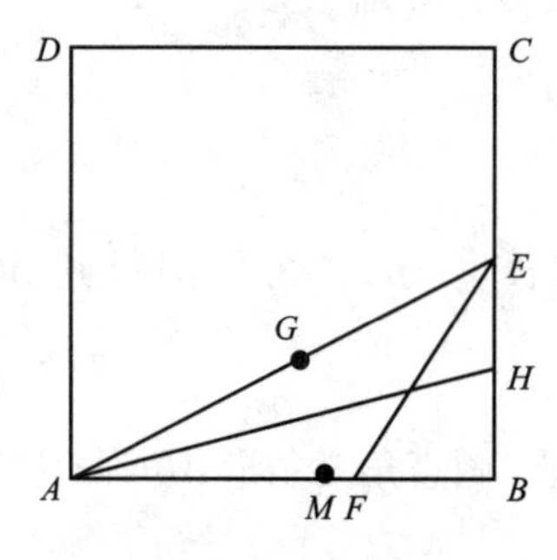

折纸得到黄金分割点 *M*

(1) 取一张正方形纸，如图中正方形 $ABCD$；

(2) 对折出 BC 边的中点 E，然后沿点 A、E 折出直线 AE；

(3) 将线段 EA、EB 重合，对折出 $\angle AEB$ 的平分线 EF，同时得到点 B 落在 EA 上的点 G；

（4）将线段 AE、AB 重合，对折出 $\angle BAE$ 的平分线 AH，同时得到点 G 落在 AB 上的点 M。则点 M 为线段 AB 的黄金分割点，M 分线段 AB 得到黄金分割，即

$$\frac{AM}{AB}=\frac{BM}{AM}\approx 0.618$$

优美的黄金几何图形

生活中，我们会用到许多规则的几何图形，如长方形、三角形、五角星、椭圆、双曲线等。如果一个几何图形中含有黄金数0.618，这个几何图形会比同类图形更和谐、更美丽。

黄金矩形

一个矩形，如果宽和长之比为黄金数0.618，那么这个矩形被称为黄金矩形。将黄金矩形分割去掉以矩形的宽为边长的正方形，余下的小矩形还是黄金矩形；按此模式继续操作，就会得到一个比一个缩小的嵌套版的黄金矩形。

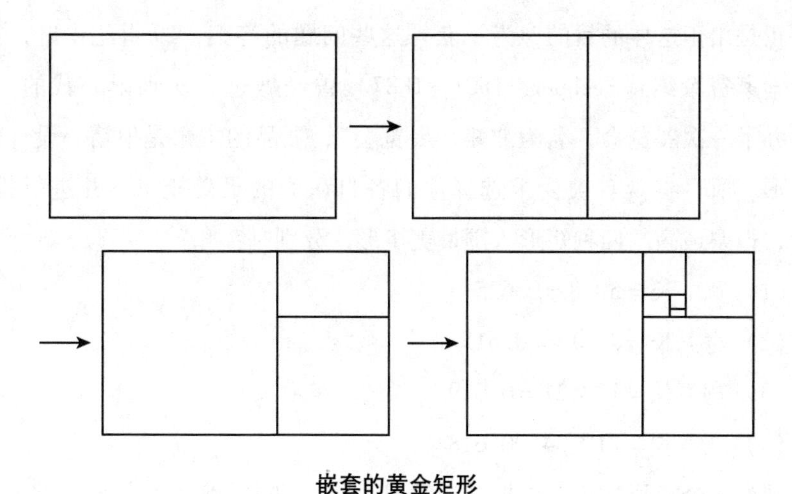

嵌套的黄金矩形

如果将上述舍掉的正方形利用起来，又会得到意想不到的效果。用圆规在各个正方形里画圆，以正方形的顶点即矩形长边的黄金分割点为圆心，以正方形的边长为半径，画$\frac{1}{4}$圆弧，所得圆弧组成一条曲线，即为对数螺线（也叫等角螺线）的特殊情况，又被称为“黄金螺线”。在“蜘蛛网与对数螺线”小节中，对数螺线已有相关介绍，这里不再详细说明。

另外，黄金螺线的中心刚好是第一个黄金矩形与第二个黄金矩形的对角线交点，也是第二个黄金矩形与第三个黄金矩形的对角线交点，依次同样。

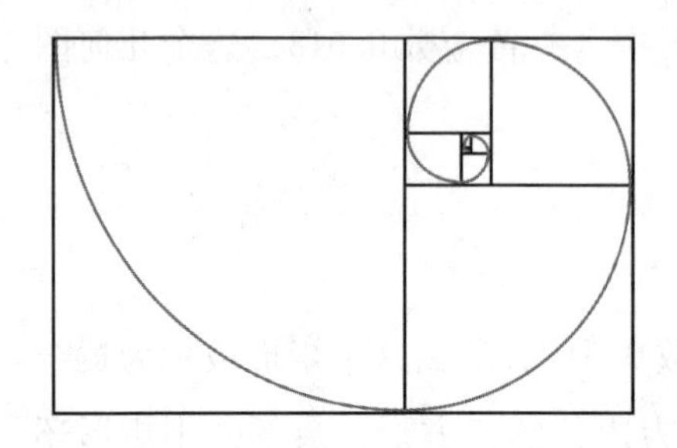

黄金螺线

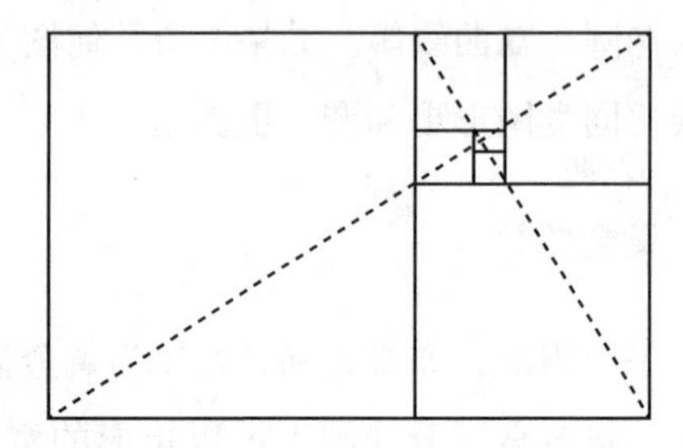

黄金螺线的中心为黄金矩形对角线的交点

黄金矩形是不是所有矩形中美的代表？大众是否认可黄金矩形的美？也许正是出于这样的目的，为了获得这些问题的答案，19 世纪中叶，德国心理学家费希纳（Fechner，1801—1887）曾经做过一次别出心裁的实验。他举办了一次展览会，名为“矩形展览会”，展品的主角是他精心设计的各种矩形。所有参观者被要求选择他们各自认为的最美矩形，并进行投票。最后，得票最高的四种矩形入围最美矩形，分别是：

（1）宽∶长 =5∶8 =0.625

（2）宽∶长 =8∶13 =0.615

（3）宽∶长 =13∶21 =0.619

（4）宽∶长 =21∶34 =0.618

观察 4 个矩形的矩形数据，会发现十分有趣，它们宽与长比例都十分接近于黄金数 0.618。

这些是无独有偶的巧合吗？不！这是客观世界反映的一种美的规律——黄金矩形。

黄金三角形

在所有的三角形中，有含有黄金数0.618的黄金三角形。

黄金三角形有两个，都是等腰三角形。一个黄金三角形是顶角等于36°的等腰三角形，其底边与腰之比为黄金数0.618。另一个黄金三角形是底角等于36°的等腰三角形，其腰与底边之比为黄金数0.618。

两个黄金三角形，都可以不断分割形成缩小版的黄金三角形序列。

如果是顶角等于36°的黄金三角形△ABC，取底角∠B的角平分线BD，交AC于点D，则△BCD为顶角等于36°的黄金三角形；同理依次操作，得到顶点等于36°的黄金三角形；按此模式继续操作，得到一个比一个缩小的嵌套版的黄金三角形。

如果△ABC是底角等于36°的黄金三角形，取AD将顶角∠A一分为二，有∠BAD=36°，则△ABD为底角等于36°的黄金三角形；同理依次操作，得到一个比一个缩小的嵌套版的黄金三角形。

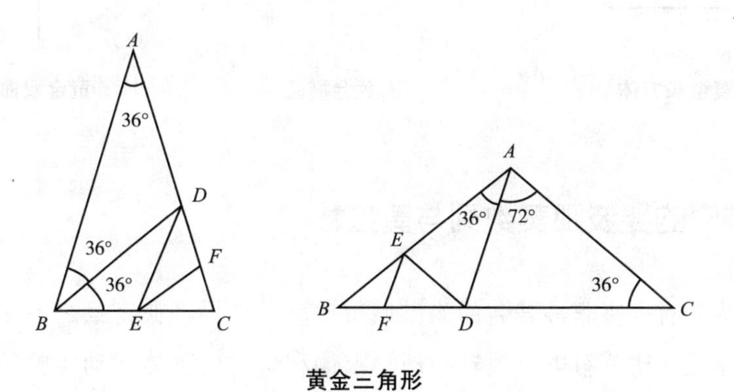

黄金三角形

黄金长方体

如果一个长方体，其长：宽：高为1.618：1：0.618，则该长方体为黄金长方体。再分析和谐优美的黄金长方体，它的表面积与外接球的表面积之比为0.618∶π。又发现一个黄金数0.618！

黄金椭圆和黄金双曲线

黄金椭圆是一个特殊的椭圆，它的短轴与长轴之比为黄金数0.618。黄金椭圆的面积与以它的焦距为直径的圆的面积相等；它的离心率的平方也是黄金数0.618。

黄金双曲线是一个特殊的双曲线，它的实半轴与虚半轴之比为黄金数。黄金双曲线的离心率的倒数也是黄金数。

黄金椭圆和黄金双曲线，拥有黄金数0.618，成为同类图形中最和谐、最美丽的图形。它们被广泛用于建筑、艺术和设计中，比如黄金椭圆形状设计的建筑外观，一切变得更加美观。黄金椭圆还用于研究天文、物理学和动力学等。

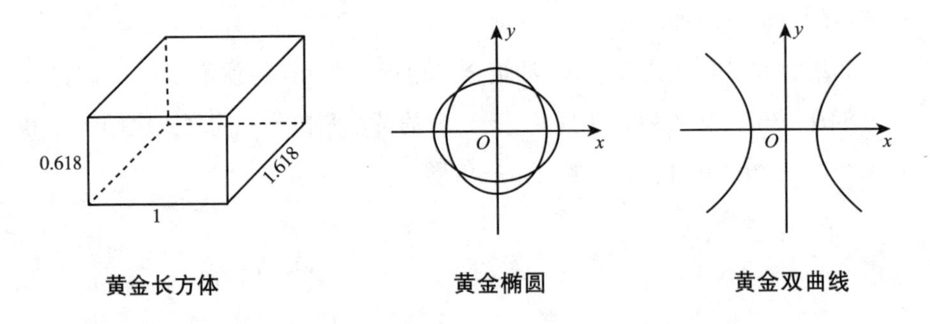

黄金长方体　　黄金椭圆　　黄金双曲线

神奇的斐波那契数列与黄金数

意大利有一座非常著名的旅游城市比萨，世界经典奇景之一比萨斜塔就坐落于此，比萨斜塔承载着物理学家伽利略自由落体运动实验的历史记忆，见证着历史变迁。在比萨，还有一位著名数学家，被称为“比萨的列昂纳多”，他就是列昂纳多·斐波那契（Leonardo Fibonacci，1175—1250）。

斐波那契是中世纪最伟大的欧洲数学家之一，是引进印度—阿拉伯数字（包括0）的欧洲第一人，他提出斐波那契数列。1202年，他撰写的

《计算之书》（又译作《算盘全书》《算经》）问世，书中引入斐波那契数列，讲述了一个有趣的“兔子问题”。

兔子问题为：假设有一对刚出生的小兔子，在一个月内可以长成大兔，以后每月都将生产一对雌雄小兔子。新出生的一对小兔子又可以一个月长成大兔，然后以后每月会继续新出生一对雌雄小兔子。如果确保一年内没有发生死亡，那么一年后将有多少对兔子？

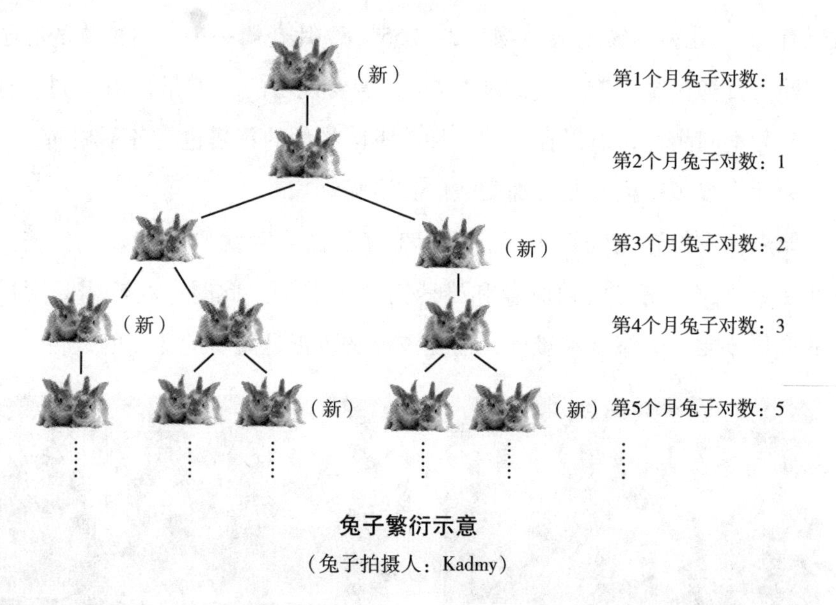

兔子繁衍示意

（兔子拍摄人：Kadmy）

项目	1月	2月	3月	4月	5月	6月	7月	8月	9月	10月	11月	12月
新兔对数	1	0	1	1	2	3	5	8	13	21	34	55
大兔对数	0	1	1	2	3	5	8	13	21	34	55	89
总数	1	1	2	3	5	8	13	21	34	55	89	144

分析兔子问题，将每月兔子对数记录下来，便有1，1，2，3，5，8，13，21，34，55，89，144，233，…，这个数列即为著名的“斐波那契数列”，也叫“兔子数列”，数列中的数字称为“斐波那契数”。观察数列中的斐波那契数，你能发现其中的规律吗？第一个和第二个数固定为1，从第三个数字开始，每个数字都是前两个数字之和，$2=1+1$，$3=1+2$，$5=2+3$，$8=5+3$，…，依此类推。

斐波那契数列非常著名，其中原因之一就是，我们总能在各处发现它的踪迹。在自然界中，花瓣数就遵循斐波那契数生长。花语为“幸福”的三叶草一般有3片叶子，5片叶子的三叶草是超级幸运草。“圣洁和吉祥”的百合花、“玲珑和质朴”的紫露草花均为3片花瓣。有“理想的爱和谦让”花语的山茶花为5片花瓣。“国色天香”的牡丹、“纯真与快乐”花语的波斯菊有8片花瓣。还有“忍耐与别离”的金盏花花瓣为13片。另外，紫菀有21片花瓣，雏菊属植物有34、55、89片花瓣……许多植物的叶子和花瓣的数目都在遵循着“斐波那契数”。需要说明的一点是，由于同一种花卉又分为不同品种，所以存在同一种花不同品种的花瓣也会各不相同。

为什么很多花拥有斐波那契数的花瓣呢?

原来，生物界“物竞天择，适者生存”的生存法则在起作用。美丽的花儿在绽放前，花瓣内的雌蕊和雄蕊需要被保护。此时，花瓣需要形成最佳的形状才能保护雌蕊和雄蕊，而斐波那契数正是需要的花瓣的数目。

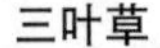

三叶草

杜鹃花

为什么遵循斐波那契数会形成保护雌蕊和雄蕊的最佳形状呢？17世纪德国天文学家、数学家开普勒（Johannes Kepler，1571—1630）和19世纪法国数学家比奈（Jacqttes Binet，1786—1856），在历经200多年时间跨越的合作，二人给出问题答案，他们发现斐波那契数列中暗藏“黄金数0.618”。斐波那契数列中，计算连续两个斐波那契数之比，即前数除以后数的比值，随着项数增加，比值越来越接近美的标准“黄金数0.618”。

$$\frac{1}{1}=1,\qquad \frac{1}{2}=0.5,\qquad \frac{2}{3}=0.666\cdots,$$

$$\frac{3}{5}=0.6,\qquad \frac{5}{8}=0.625,\qquad \frac{8}{13}=0.615\cdots,$$

$$\frac{13}{21}=0.619\cdots,\qquad \frac{21}{34}=0.617\cdots,\qquad \frac{34}{55}=0.618\cdots,$$

$$\frac{55}{89}=0.617\cdots,\qquad \frac{89}{144}=0.618\cdots,\qquad \cdots$$

斐波那契数列蕴含着黄金数，意味着找到斐波那契数就找到了黄金数。如同花瓣数一样，枝叉数也遵循斐波那契数生长，植物界中斐波那契数如影相随。其实不仅植物界，在动物界也处处有斐波那契数的影踪，如蜂巢和蜻蜓翅膀。植物和动物展示出对斐波那契数的需要，而斐波那契数中黄金数的蕴含又展示着自然界的生存和和谐美，展示着生命的绚烂，展示一种最佳生存的自然规律。

事实上，如此著名的斐波那契数列问世后并没有声名鹊起。斐波那契本人没有继续探讨它，甚至17世纪以前也没有很多人关注并研究它。直至几百年后，随着开普勒和比奈对斐波那契数列的研究，越来越多的科学家们发现到它的神奇，纷纷投入研究行列。甚至在1963年，美国数学会建立了斐波那契协会，开始出版《斐波那契季刊》，专门刊登相关研究。有人比喻“有关斐波那契数列的论文，甚至比斐波那契的兔子增长的还要快”！而随着斐波那契数列的研究，几乎你所能想到的各个领域都能发现它的存在。尤其是19世纪以后，科学家们更发现了斐波那契数列在计算机、物理和化学等领域的应用，更加让这个古老的数列大放异彩，焕发了新的青春。

随着研究，斐波那契数列中许多有趣的现象和结论被发现。

比如，斐波那契数列中，任一项的平方数都等于跟它相邻的前后两项的乘积加1或减1。例如，斐波那契数13，它的前一项是8，后一项是21，则有13的平方数要比前后两数8与21的乘积多1；斐波那契数21，它的前一项是13，后一项是34，则有21的平方数要比前后两数13与34的乘积少

1。即

$$13^2 = 169,\ 8 \times 21 = 168 \quad \Rightarrow \quad 13^2 = 8 \times 21 + 1$$
$$21^2 = 441,\ 13 \times 34 = 442 \quad \Rightarrow \quad 21^2 = 13 \times 34 - 1$$

再比如，斐波那契数列中还有一个有趣现象。根据它前面几项数字推理分析，可以得到斐波那契数列的通项公式

$$F_n = \frac{\left(\frac{1+\sqrt{5}}{2}\right)^n - \left(\frac{1-\sqrt{5}}{2}\right)^n}{\sqrt{5}},\ n = 1,\ 2,\ 3,\ \cdots$$

这个通项公式又被称为“比内公式”。它有趣在什么地方呢？斐波那契数列中数字均为自然数，通项公式却是用无理数表示。“比内公式”是无理数表示有理数的一个极典型的范例。

斐波那契数列还可以被用来安排魔术活动，活动内容为：让观众从斐波那契数列中任意选定连续十个数，十秒钟内快速说出这些数的和。不用担心，这个魔术有小窍门，你很快就可以算出结果。小窍门就是一个数学公式“连续十个斐波那契数之和等于第7个数字的11倍”。假设选出斐波那契数列中的第2个到第11个数1，2，3，5，8，13，21，34，55，89，则这十个数字之和就等于第7个数字21的11倍，快速算出和为$21 \times 11 = 231$。现在可以找个小伙伴来尝试这个小魔术吧，随机挑选连续10个斐波那契数，迅速给出求和结果。

科学家们发现将斐波那契数列转化为几何图形，与对数螺线有关系。以斐波那契数为边长做正方形，如下图所示拼成一个长方形，同时再在正方形里面画一个圆心角为$90°$的$\frac{1}{4}$扇形，将这样所有的弧线连接起来就形成一条螺线，被称为“斐波那契螺线”，也是“黄金螺线”。我们已经知道了黄金螺线是对数螺线（又称等角螺线）的一种特殊情形，它没有边界，而且是一种永恒的形状。它看起来是如此的迷人，螺线上的任何一点，都可以向内向外无限运动，既遇不到中心，又碰不到终点。黄金螺线在自然界中普遍存在，松果、台风、星系、狗睡觉姿势、孔雀开屏时的羽毛和人耳

形状等都能找到它。黄金螺线拥有自然界中最完美的黄金比例，艺术家们经常用它构图设计和拍照。

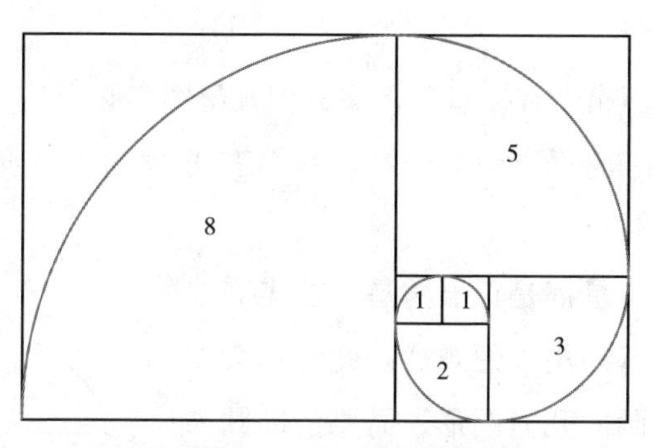

黄金螺线（斐波那契螺线）

让时间追溯到与斐波那契几乎同时期的中国南宋，1261年，著名数学家杨辉在其所著书籍《详解九章算法》中给出杨辉三角形（简称为杨辉三角）。杨辉三角与斐波那契数列之间有关联。将杨辉三角按左对齐排列，对斜行上的数求和（见“杨辉三角中的斐波那契数列”图），就能发现隐藏的斐波那契数列。杨辉三角因引自北宋贾宪的《释锁算书》，又叫贾宪三角。在西方，它又被称为帕斯卡三角形，由法国数学家布莱兹·帕斯卡（Blaise Pascal，1623—1662）首次发现。杨辉三角是中国古代数学史的一个重大成就，拥有广泛的用途，其中就有二项式系数在三角形中一种几何排列。

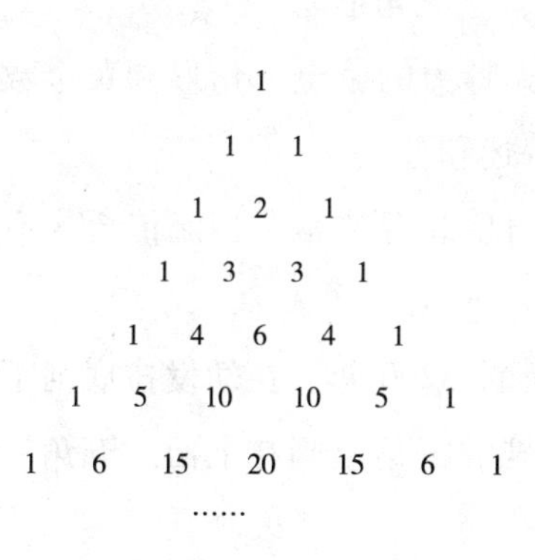

杨辉三角形（杨辉三角）

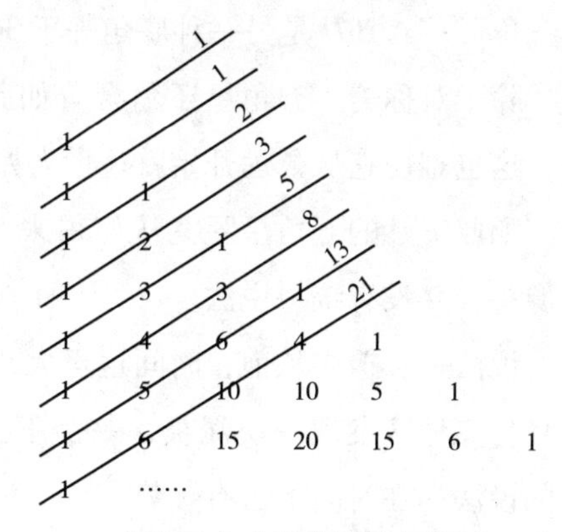

杨辉三角中的斐波那契数列

"闪闪"五角星中的黄金三角形

许多国家的国旗上有"星"图案，但凡星图案必定是"五角星"。我们国家的国旗、国徽、军旗和军徽上也都有五角星。五角星里有美的密码——黄金三角形。

这里说的五角星都是正五角星，首先需要做一个标准的正五角星以便观察。此时你会发现，它是一个难画的几何图形，需要借助圆来完成。画一个圆并五等分，在圆周上找到5个点依次为A，B，C，D，E，从A开始依次隔一个点相连，可一笔连成正五角星形。

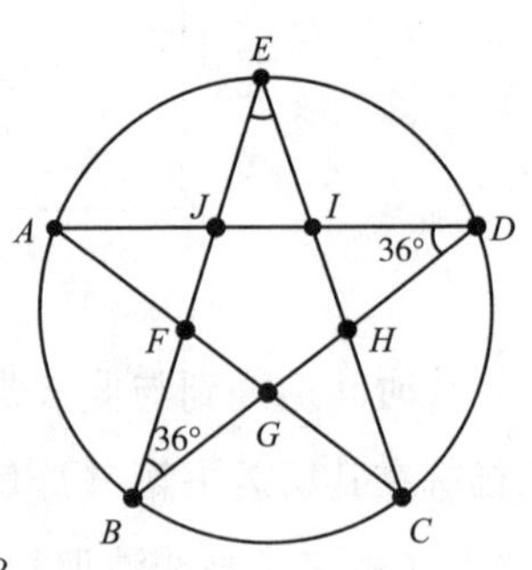

五角星中，美丽的黄金数0.618藏在哪里呢？

生成五角星过程中，五条边相交的点为黄金分割点，如I、J是AD的两个黄金分割点，即

$$AJ : JD = 0.618$$

$$ID : AI = 0.618$$

两种黄金三角形还隐藏在五角星中。比如$\triangle EJI$，是顶角等于36°的黄金三角形；$\triangle JBD$是另一种底角等于36°的黄金三角形。

除了对称美，五角星还蕴含着如此巨大魅力的黄金三角形和黄金数之美，这也难怪它从久远开始就让世人如此着迷和喜欢。

如此美妙的五角星图案从何得来？五角星起源非常早，流传至今有多个源头，并没有统一说法。

说法一：追溯从前，时间远至大约公元前3200年，在幼发拉底河下游的乌鲁克地区发现一块泥板，一个不甚正规的五角星画在上面。五角星起源的说法一在时间上占有优势。

说法二：毕达哥拉斯学派是一个神秘组织，用正五角星作为组织的徽章和联络标志，并称之为"健康"。据说标志的使用是要求组织成员内部知

识交流，但对外保密，不许外传。之所以选用五角星，因为这是一个难画的几何图形，也是一个被认可的最美的图形。五角星起源的说法二有正规学派的优势。

这一说法中的“五角星”标志，还有一则轶事。毕达哥拉斯学派中的一位成员流落他乡，穷困潦倒，又遇病魔缠身，有幸房东善良并殷勤照顾他。可惜到最后仍无好转，他又无力酬谢房东，临终时嘱咐房东在门前画一个五角星。若干年后，同学派的人路经此地看到这个标志，询问缘由后便厚报了房东。

说法三：五角星和金星有关。天文学家观察，围着太阳的金星每8年重复轨道一次，自行运转中的五个交叉点恰是完美的五角星。在西方，五角星还象征着维纳斯，代表女人，是大地女神的象征。希腊人原本按照金星运行轨迹8年组织一次奥林匹克运动会，现在取运行轨迹一半的时间即4年举行一次。而且五角星差点成为奥运会的标志，在最后一刻，被换成五环相连，体现包容与和谐。说法三与天文历法研究有关，而西方天文研究历史久远。

说法四：中国古代的阴阳五行学说中，五行运转相生相克。五角星的图案正好是相生相克的体现。说法四来自中国传统文化思想。

现在，我们更多地认为五角星来自大自然，如五角星花瓣。大自然赋予我们灵感，发现对称的美，找到令人惊叹的黄金数之美。

建筑中的黄金分割美

黄金分割的应用，黄金数0.618的融入，能让建筑整体看起来协调、赏心悦目。建筑学家们如此偏爱它，将黄金分割的足迹一次又一次留在建筑中，无论它的出现是有意为之还是无心插柳，都不影响这些建筑成为经典之作。

前面章节曾提过金字塔，正四棱锥和三角形的使用，让它久经风霜洗礼而屹立不倒。到今天，在黄金分割的使用上，金字塔依然被视为典范。

早在4600多年前，大金字塔中的胡夫金字塔，就应用了黄金分割。金字塔的塔高与底部正方形边长之比非常接近黄金数0.618，得到黄金矩形。若用底边的一半除斜面长度（斜面距离），出现0.618这一最美丽的黄金数。同时，胡夫金字塔的正投影还是黄金三角形。

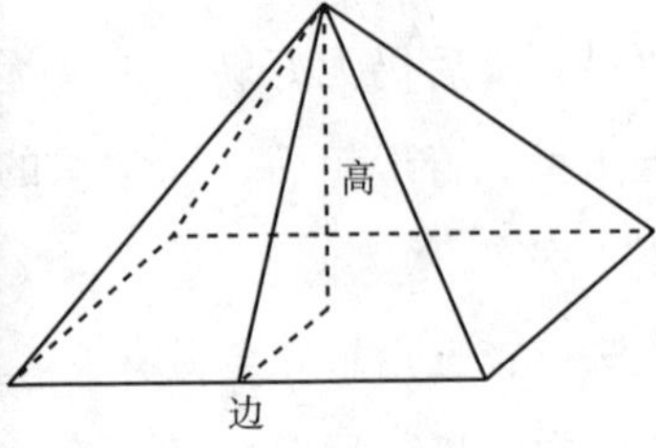

金字塔中的黄金数

（拍摄人：demerzel21）

在希腊首都雅典南部的古城堡中心，世界艺术宝库中著名的帕特农神殿坐落于此，是希腊文明的象征。经历2400多年的沧桑，如今虽然庙顶已经坍塌，但大理石石柱依然巍然耸立，气势不减当年。曾有人评价，如果全世界介绍希腊的图片只有一幅，那一定是帕特农神殿；如果有一本书介绍希腊，那封面也必然是帕特农神殿。

帕特农神殿建于古希腊数学繁荣的时代，它的美丽见证着数学的辉煌，也正是辉煌之下严格的数学比例原则创造了它的美丽。从正立面看，山墙顶部距离地面高19米，底座宽31米，高与宽比为19∶31≈0.613，非常接近希腊人钟情的“黄金数”，符合黄金分割之美。① 整个神殿直立的46根洁白如玉的大理石圆柱，其柱子大小、柱间距、柱头与柱身比例等都暗含黄金分割之美。甚至微观细节的各个构件尺寸比例，也能发现黄金分割的踪迹。②

难怪世人惊叹“帕特农神殿”的优雅与完美！

---

① 帕特农神庙和达芬奇的画让人愉悦的秘诀——数学［J］. 语数外学习（高中版中旬），2017（12）：64-67.

② 陈诗阳. 数理分析在建筑构图中的应用［J］. 南京工业大学，2013：44.

希腊帕特农神殿与黄金分割

（图片拍摄人：samot）

法国巴黎圣母院作为法国甚至欧洲著名地标建筑，是哥特式建筑的代表作之一。法国作家雨果在其名著《巴黎圣母院》中如此描述：“这座可敬的历史性的建筑的每一个侧面，每一块石头，都不仅是法国历史的一页，而且是科学史和艺术史的一页……简直就是石头的波澜壮阔的交响乐。”他还称赞道“巴黎圣母院无疑今天仍然是一座雄伟壮丽的建筑”。以数学视角看待分析巴黎圣母院时会发现，当时的建筑师们是以理性思维处理对待，运用比例和几何来控制设计的，经典之处便是美丽的黄金分割和黄金矩形的应用。比如，有数据认为，巴黎圣母院正面宽度和高度按照5∶8比例设计，每一扇窗户的宽长比亦如此。①

纽约联合大楼、印度泰姬陵有黄金分割，我国故宫也有黄金分割的体现。紫禁城中最重要的宫殿是太和殿，位于北京中轴线上。沿着中轴线，大明门到景山的距离是2500米，而从大明门到太和殿庭院中心的距离是1504.5米，两者比值基本符合黄金分割0.618。故宫太和门庭院的深度为130米，宽度为200米，两者比值为0.65，也与黄金分割0.618接近。②

建筑师们还常常在高塔处建造各种形状平台，其设置处往往正是位于

① 叶莉．数学在建筑设计中的应用研究［J］．科技资讯，2019，17（36）：245，247.

② 王社教．中国古都故事［M］．济南：齐鲁书社，2019.

黄金分割点，这让单调的塔看上去更多彩、更协调和更具有美感。

建于1976年的加拿大多伦多电视塔，1995年被美国土木工程协会收入世界七大工程奇迹。多伦多电视塔塔高553.3米，高高耸立，直冲蓝天。建筑师在半空约340米高的位置上巧妙设计安装了一个外形似轮胎的筒状七层工作厅，恰好有340∶553≈0.615，正是黄金分割的体现与运用，让电视塔更美丽、更壮观。①

东方明珠电视塔矗立于上海黄浦江畔，远远看去，那么美丽，那么晶莹耀眼。登上东方明珠塔后，人们可以俯瞰地面景色——“东方明珠”上海。电视塔上安装有下球体、上球体和“太空舱”观光层，最奇妙的还是东方明珠塔上球体的设计！其塔身身高468米，上球体到地面的距离为295米，上球体到地面距离与塔身总高之比接近黄金分割0.618。② 正是如此巧妙的设计，东方明珠塔显得塔体秀丽挺拔，线条柔和。

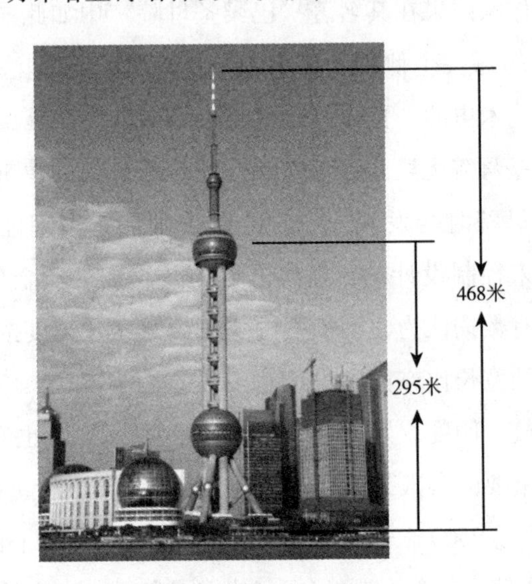

上海东方明珠塔与黄金分割

（图片拍摄人：Yejun）

---

① 王艳，王艳东．美妙的黄金分割［J］．科技信息，2013（35）：115，157.

② 王丽华．黄浦江上的明珠：上海东方明珠广播电视塔［J］．中华建设，2017（6）：161－163.

建筑师们发现，无论高楼大厦，还是一扇门窗，按照黄金分割 0.618 比例设计，殿堂显得雄伟美丽，高塔不再单调而是丰富多彩，一切将会更加舒适、协调和赏心悦目。

人体美的追求与黄金分割

许多女士喜欢穿高跟鞋，觉得穿上后显得身姿挺拔、更加漂亮。虽然大多数人凭直觉得出这一结论，但的确是有一定道理。

如果一个人的躯干长度（肚脐到脚底的长度）与身高之比越接近黄金分割 0.618，就越有美感。但实际情况却是，人的躯干与身高之比一般都低于 0.618，为 0.58～0.60。穿上高跟鞋时，躯干长度可以提升，改变躯干长度与身高比值。比如，某位女士身高 160 厘米，躯干长度 96 厘米，则其躯干长度与身高比为 0.60，穿上多高的高跟鞋能实现 0.618 的黄金分割之美呢？如果她穿上 4 厘米的高跟鞋，则躯干长度与身高比可升至 0.610，变得接近 0.618；如果她穿上 7.5 厘米高的高跟鞋，比值恰好等于 0.618，此时拥有最佳美感。当然我们应该提倡女士追求美感应适度，不能抛开健康而过度追求。

生活中，高跟鞋花样繁多，女士们穿上后变得高挑，越发美丽。舞台上，芭蕾舞演员踮起脚尖优雅的舞姿，时而旋转，时而跳跃。踮起脚尖如同穿上高跟鞋一样，都是为了实现躯干长度与身高的比例更加符合黄金分割，姿态更加优美。

除躯干长度与身高比值满足黄金分割外，人体中还有许多的黄金分割，例如 18 个“黄金点”、15 个“黄金矩形”、3 个“黄金三角形”等①。下面是人体外形中的一些黄金分割：

（1）咽喉——头顶至脐部，咽喉是黄金分割点。

（2）膝盖——脚后跟到肚脐，膝盖是黄金分割点。

---

① 易南轩，王芝平．多元视角下的数学文化［M］．北京：科学出版社，2007：21.

（3）肘关节——肩关节到中指尖，肘关节是黄金分割点。

（4）眉间——前发际至下巴，眉间是黄金分割点。

（5）外部轮廓——躯干轮廓、头部轮廓、人的双眼视野等是黄金矩形；外鼻正面三角、外鼻侧面三角和鼻根点至两侧口角点组成的三角均为黄金三角形。

人体中还能发现众多黄金分割点。中国传统文化中，身体上的穴位能找到黄金数0.618，体现黄金分割的养生之美。例如，人体头顶至后脑的0.618处是百会穴；下颌到头顶的0.618处是天目穴；手指到手腕的0.618处是劳宫穴；脚后跟到脚趾的0.618处是涌泉穴；脚底到头顶的0.618处是丹田穴。①

甚至人们还发现，人感觉最舒适的温度22～24℃也与黄金分割有关联。人体的正常体温是36～37.2℃，一方面相对于100℃，人正常体温约37℃，正是黄金分割点；另一方面，37℃×0.618≈22.9℃，这是人体最舒服的温度，也是人体新陈代谢、生理节奏和功能处于最佳状态的温度。

人体中黄金分割并不十分精确，但基本是在黄金分割附近，体现黄金分割之美。但这些黄金分割应该足以引起我们思考，为什么人体中许多数据都围绕在黄金数0.618附近？

人体中的黄金分割，不仅被用来定义美，还可以寻找身边美的人。比如模特、世界环球小姐等，定义的最完美人体是“肚脐到脚底的距离/头顶到脚底的距离=0.618”，最漂亮的脸庞“眉毛到下巴的距离/头顶到脖子的距离=0.618”。在医学上，黄金分割还可以为创伤后的修复提供科学依据。

除了黄金分割或黄金数0.618美的追求，人身上还有许多数据，让我们惊叹。人们称这些数据为“随身携带的尺子”。

---

① 王荣华．黄金分割话养生［J］．家庭医学，2013（8）：48.

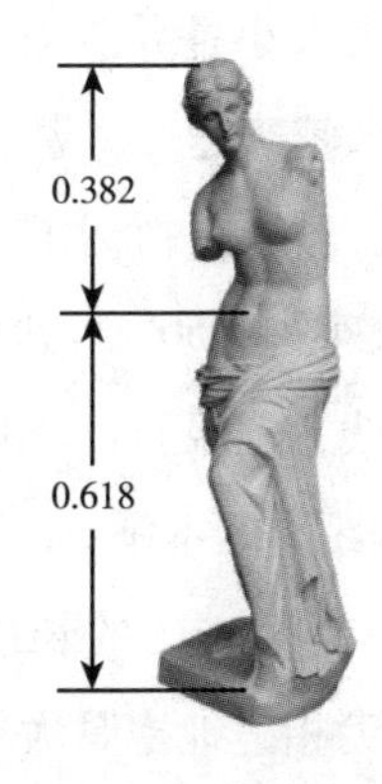

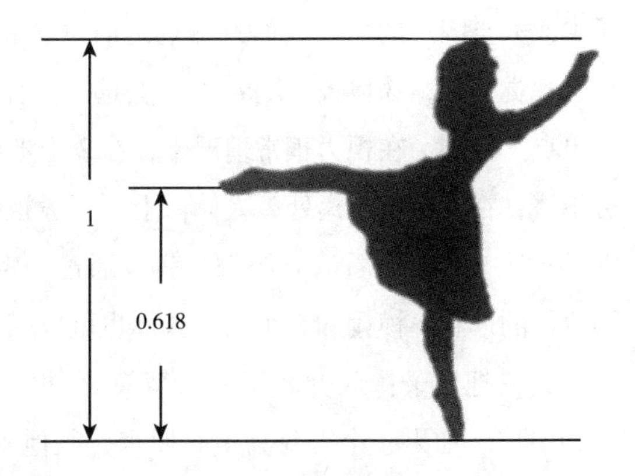

古希腊雕塑《米罗的维纳斯》　　**芭蕾舞演员**

资料来源：易南轩，王芝平. 多元视角下的数学文化［M］. 北京：科学出版社，2007：21。

第一把尺子：双脚。一个成年人的步长，大约是眼睛距离地面高度的一半。如果一个人眼睛到地面距离为 160 厘米，则这人步长一般为 80 厘米。感兴趣的你可以量量看，是否符合这把尺子。当然，如果你想更精确地知道自己的步长，可以用尺测量一下。掌握步长数据后，以后出门，只要保持步速和习惯自己的步长，你就可以用自己的双脚测量距离。

这把“尺子”能测准吗？让事实来证明。我国军人严格训练，要求步长统一，齐步走时，一单步长约为 75 厘米[①]；走两单步称为 1 复步，1 复步规定是 1.5 米；如果行进速度保持每分钟 120 单步，即为每分钟行走距离为 90 米。所以，第一把“尺子”能用且好用！

关于步长这把尺子，还有一个数据：我们每小时能走的千米数，恰好与每 3 秒内所迈的步数相同。这个结果可以留给大家自己去验证。

第二把尺子：眼睛。在军事题材的影片中，我们会看到侦察兵有一个过硬的本领，伸出胳膊把大拇指对准远处目标，用眼睛瞄准大拇指和目标，就可以报出目标离自己的距离。他们像是一台精准的测距机，凭着自己的一双慧眼和多年的经验，就能测出距离。

人的眼睛其实就是天生的“测距机”，它不仅可以看近看远，看自己的鼻

① 资料来源：中国人民解放军队列条令（试行），2018 年 4 月发布。

子尖或太空闪烁的星星，而且看远近时会将物体呈现大小各异。当物体离得近，视觉清楚，物体大；随着距离变远，物体看起来越来越小，甚至只是一个黑点。例如，在视力正常情况下，在2千米距离处，人是一个小黑点且动静分不清；在1千米距离处，人体像上下一般粗的一根小棍；500米处可分清男女；250~300米可看清衣服颜色等。通过一定的实践，记录自己不同距离看到物体的形状、模糊和大小，不久你也可以拥有目测距离的本领。

第三把尺子：双臂。每个人双臂平伸时，两手指尖之间的长度和身高大约一样。如果一个人身高160厘米，当他刚好指尖相碰地抱紧大树，这棵树一周的周长大约是160厘米。当然如果有幸碰到一棵参天古树，几人环绕方能抱住，将大家的身高相加便可得结果。

第四把尺子：手指。有经验的人出去量尺寸时经常用到，张开大拇指和中指在物体上量一下，便知道大体长度。对于成年人，大拇指和中指张开时两端的距离一般是固定的，称为“一拃”，长度大约16.5厘米。当然实际上，每个人的“一拃”会有些出入，需要自己测量好。只要你了解自己一拃大约有多长，便可用来量东西。

人身上还有许多尺子，例如，利用回音测山有多远，利用身影测物体的高度。不论是人身上的尺子，还是美丽的“黄金分割”，都是弥足珍贵的财富，我们要珍惜和学会使用，方便和美化自己和生活。

音乐与黄金分割

黄金分割与音乐一开始就有着渊源。相传，黄金分割是古希腊数学家毕达哥拉斯在2500多年前发现。有一天，毕达哥拉斯走在街上，路过一家铁匠铺时，突然听到铁匠打铁的声音非常动听，于是停下来专心倾听。过了一会儿，他发现打铁声很有节奏，便记下节奏中的规律并用数学表达出来，就是 $(1-0.618)\div 0.618=0.618$。伴随着叮叮当当的打铁声，代表“美”的数学黄金分割诞生，自此便和音乐有了不解之缘。

毕达哥拉斯

（设计者：Bilhagolan）

音乐神童莫扎特出生于音乐世家，享有多项声誉——钢琴协奏曲的奠基人、欧洲最伟大的古典音乐作曲家之一、欧洲歌剧史上的四大巨子之一，他留下《安魂曲》、《牧人王》、《唐璜》（歌剧）、《魔笛》（歌剧）等经典之作。美国数学家乔巴兹对莫扎特的音乐进行研究，得到一个让人惊讶的结论：莫扎特钢琴奏鸣曲曲目中94%的作曲都符合黄金分割。比如，《D大调奏鸣曲》第一乐章全长160小节，再现高潮部分在第99小节处，恰恰是位于黄金分割点上（$160\times0.618=98.88$），完全符合黄金分割。美国一位音乐家评论："我们应当知道，创作这些不朽作品的莫扎特，也是一位喜欢数学游戏的天才。莫扎特懂得黄金分割，并有意识地运用它。"实际上，今天我们已经无从得知，莫扎特让自己的乐曲如此多符合黄金分割，究竟是有意识的行为还是只是一种天才般纯直觉的巧合。①

"浪漫主义钢琴诗人"肖邦作品《降D大调夜曲》是三部性曲式。不计前奏时全曲共76小节，按理论计算黄金分割点应在46小节附近，实际上再现部恰恰位于46节，是全曲力度最强的高潮所在。

"交响乐之王"贝多芬的作品《悲怆奏鸣曲》Op. 13第二乐章是如歌的慢板，回旋曲式。全曲73小节，黄金分割点应在45小节附近，恰恰在43节全曲出现激越的高潮，同时伴随着调式、调性的转换。高潮与黄金分割基本吻合。

---

① 王荣．黄金分割与音乐［J］．民族音乐，2014（4）：71－72.

音乐摇篮地俄国的作曲家拉赫玛尼诺夫的作品《第二钢琴协奏曲》中第一乐章是奏鸣曲形式，是一部宏伟的史书，也是整部作品中最有戏曲性的一章。第一部分是呈示部，悠长、刚毅的主部与明朗、抒情的副部形成鲜明的对比。第二部分是发展部，结构紧凑，主部、副部与引子的材料相互交织，形成巨大的音流。到了第三部分，音乐爆发高潮的地方恰恰是再现部的开端，整个乐章的黄金分割点就在此处。不仅如此，这首协奏曲的许多局部地方也符合黄金分割。

20 世纪，某些音乐流派开始采用新的自由形式，打破以往的规范形式。匈牙利作曲家巴托克尝试将黄金分割用于创作，将高潮或者是音程、节奏的转折点安排在全曲的黄金分割点处。例如乐曲有 89 节，其高潮便在 55 节处；乐曲有 55 节，高潮安排在 34 节处。

黄金分割在我国歌曲中也有独特体现。田汉作词、聂耳作曲的《义勇军进行曲》，全曲共 37 小节，在进入三次层层向上呼喊的“起来，起来，起来”时，整体的激情开始充分展示。通过分析不难发现，三声“起来”的高潮句位于第 23 小节，正处于黄金分割点，所有情绪在这一刻被充分调动起来，百折不挠、勇往直前、共同呼喊着前进。

乐器中的黄金分割

中国民族乐器不但种类丰富，而且历史悠久，源远流长。从出土文物的考证来看，我国在先秦时期就有了各种各样的乐器。流传到今天，有弹拨的古筝、古琴、琵琶，有吹吹打打的唢呐、笛子和大鼓，有拉弦的二胡、京胡和马头琴等。乐器演奏出无与伦比的声音，和黄金分割有什么联系吗?

有音乐家发现，如果把二胡的“千斤”放置在琴弦的某处，音色会无比美妙，演奏出来的音调最和谐、最悦耳。数学家对这一现象验证，结果表明此点恰恰是琴弦的黄金分割点。

中国最古老的弹拨乐器之一古琴，被尊为“国乐之父”。古代文人“琴、棋、书、画”中的琴就是古琴，它不仅音域宽广、音色深沉，还包含着中国许多传统文化：一般长约三尺六寸五，象征一年 365 天；琴面上有 13 个“琴徽”，象征一年 12 个月和一个闰月；“琴头”上有“岳山”，琴底部有“龙池”“凤沼”，上山下泽，有龙有凤，象征天地万象，等等。因此古琴具有极高的收藏价值。

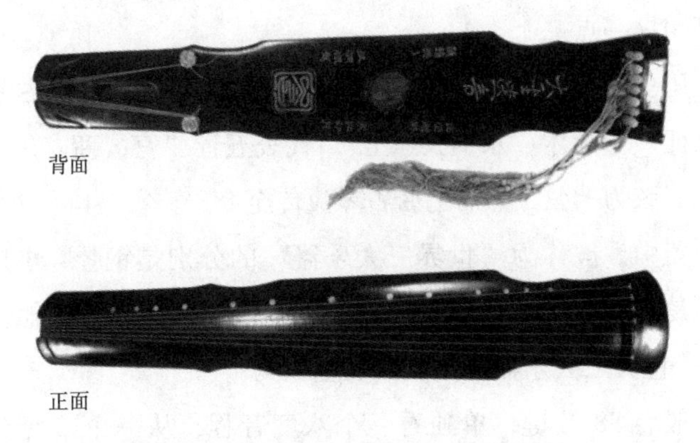

古琴（故宫博物院藏唐琴“大圣遗音”）

资料来源：陶运成．古琴制作法［M］．北京：中华书局，2014：16。

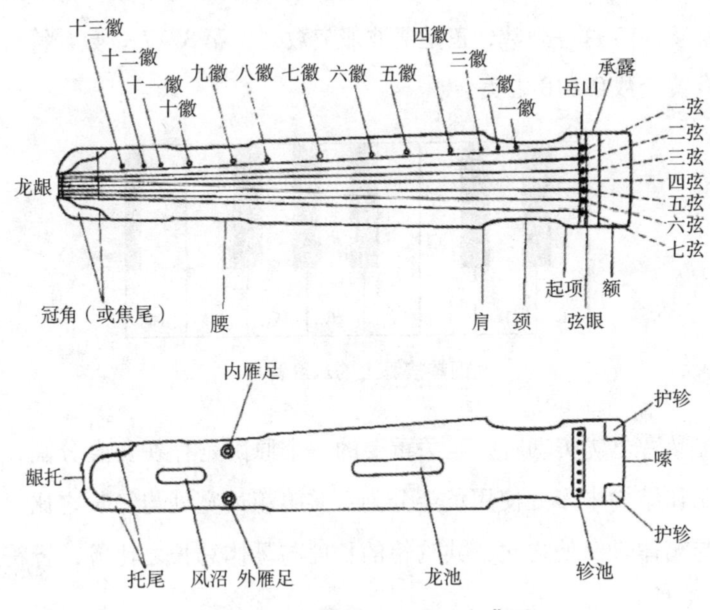

古琴的结构示意图——正面和背面

资料来源：龚一．古琴演奏法［M］．上海：上海教育出版社，2002：7，10。

现在来看古琴的设计："以琴长全体三分损一，又三分益一，而转相增减"①，全弦共十三徽。古琴包括二池、三组、五弦、八音和十三徽，正好是斐波那契数列，也就是具有黄金数0.618的黄金美。而且，据考证我国古代已经独立发现黄金分割，并运用于解决问题；古琴中的黄金数之美也许刚好可以证明这一点。

只是在历史漫漫长路发展中，古琴琴弦多次变更。最初古琴多为五弦琴，五弦象征"金、木、水、火、土"，代表五音"宫、商、角、徵、羽"。后古人更改五弦为七弦，然后七弦古琴流传至今。

西方乐器中，被称为"世界三大乐器"的分别是钢琴、小提琴和古典吉他。钢琴是"乐器之父"，小提琴是"乐器之母"，古典吉他是"乐器王子"。能在"世界三大乐器"中找到黄金数吗?

钢琴一般有88按键，单独看一个八度音程，从一个C键到下一个C键，一共有13个键。观察这13个按键，黑键有5个，白键有8个；再看黑键分成两组，一组为2个，一组为3个。将观察的几个数字排排队，就有2，3，5，8，13这一列数，正是斐波那契数列中第3～7位数，符合黄金分割，含有黄金数0.618之美。

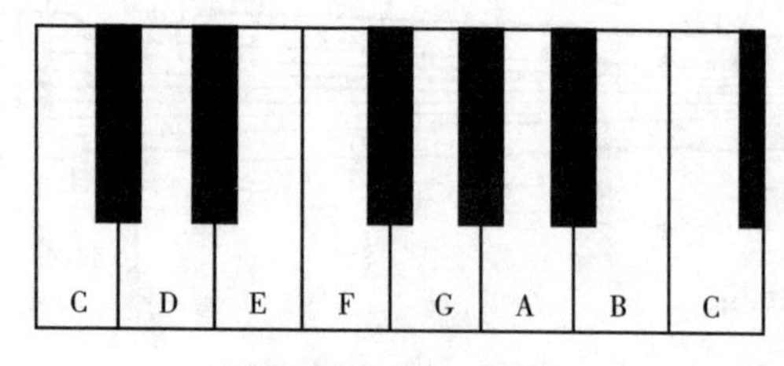

钢琴按键上的八度音程

小提琴音色优美动听，至关重要的一个原因是存在黄金分割，而且小提琴的制作结构中多处使用黄金分割：共鸣箱最宽处与箱长之比，共鸣箱最厚处与箱体最窄处之比，共鸣箱的长度与琴体总长之比等，皆符合黄金分割。

---

① 朱剑心．晚明小品选注［M］．台北：台湾商务印书馆发行，1964：177.

无论是东方乐器还是西方乐器，皆存在黄金分割之美，黄金分割之美不分国界！

美术与黄金分割

国画绘画技术中的美

唐代诗人王维写过一篇文章，名为《山水论》，其中有提到“凡画山水，意在笔先。丈山尺树，寸马分人。远人无目，远树无枝。远山无石，隐隐如眉；远水无波，高与云齐。此是诀也”。

文中将国画绘画技巧和欣赏境界，描写得十分到位，精辟深刻。对画中景物比例的要求是：山画得大，以丈计量；树画得小，以尺计量；接下来依次变小，马用寸量，人要比马小。画中如此取景，大小比例才会协调，才会有意境。

中国画里还讲究“留白”，作品中留下相应的空白，留下意境，正是“方寸之地亦显天地之宽”。留白，还可以使画面整体构图比例协调，减少构图太满带来的压抑感，也很自然地引导观看者的目光，注意画中的主体和精髓。

到了近代，随着西方数学思想的引入，许多研究者也开始分析国画中的留白比例，研究如此和谐是否因为黄金分割比。也许古人心中的美，无意之中正是符合黄金分割，但古人作画更追求一种心境和意境。

下面这幅画名为《潇湘图》，是五代南唐董源创作的山水画，现收藏于北京故宫博物院。《潇湘图》是中国山水画史上代表性作品之一，描绘着南方山水，有山、湖、人、渔舟等。你能找到其中构图的大小比例关系吗？是否含有黄金分割的体现？

《潇湘图》（五代·南唐 董源）

西方绘画技术与黄金分割

西方美术史上，许多画家主动研究数学的比例、图形、透视等方法，并将它们融入绘画中，形成今天西方独有的绘画技术。

特别是黄金分割出现在大量的绘画艺术中，形成了黄金分割学派，其中代表人物有意大利文艺复兴时期画家达·芬奇、德国文艺复兴时代画家A. 丢勒、法国印象派画家G. 西雷特等。甚至在15世纪和16世纪早期，几乎所有的绘画大师，都试图利用数学原理实现绘画中的和谐之美。他们还因此对数学产生浓厚的兴趣，包括意大利的米开朗基罗、拉斐尔等。

画家A. 丢勒，被赞誉为“德国达·芬奇”“素描之神”，擅长寻求用数学原理分析人体的形状，我们可以在他数以千计的素描中发现这一点。同时观察其作品《拾穗者》，还能找到黄金分割0.618的使用和构建，让图形整体看起来赏心悦目。

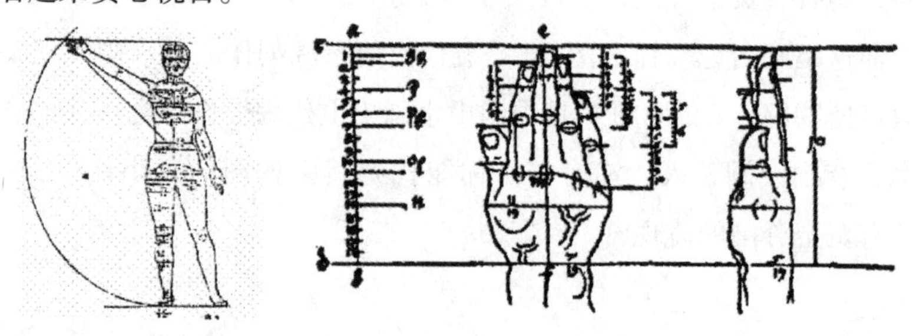

丢勒的人体素描作品

资料来源：叶丹. 穿越边界——艺术史中的丢勒［D］. 北京：中国美术学院，2014：121。

达・芬奇广泛研究人体中的各种比例，他在1509年为数学家L. 帕西欧里的著作《神奇的比例》作插画时，画出素描《维特鲁威人》进行详解，图中就表明了黄金分割的应用。对于这幅画，达・芬奇自己这样阐述①：

> 建筑师维特鲁威在他的《建筑十书》中声称，他测量人体的方法如下：4指为一掌，4掌为一脚，6掌为一腕尺，4腕尺为一人的身高。4腕尺又为一跨步，24掌为人体总长。两臂侧身的长度，与身高等同。从发际到下巴的距离，为身高的1/10。自下巴至脑顶，为身高的1/8。肩宽的最大跨度，是身高的1/4。臂肘到指根是身高的1/5，手的全长为身高的1/10。下巴到鼻尖、发际到眉线的距离均与耳长相同，都是脸长的1/3。

达・芬奇将《维特鲁威人》设计成一个比例最精准、最完美的男性蓝本，处处希望彰显"黄金分割"之美。2002年，意大利为纪念达・芬奇发行的一欧元硬币上，就有完美的男性蓝本《维特鲁威人》，可见"他"的魅力之大。

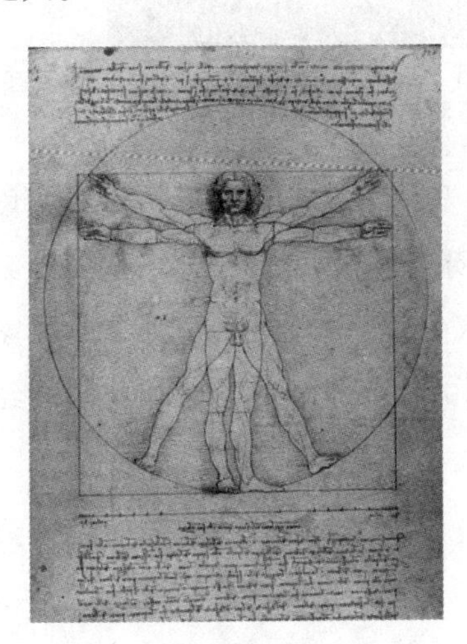

维特鲁威人

图案为维特鲁威人的硬币

左图资料来源：顾沛．数学文化［M］．北京：高等教育出版社，2018：182。

① 刘晓乐．名画中的金融史［M］．北京：中信出版集团，2021：427.

达·芬奇不仅对黄金分割进行研究，还将它应用于自己的作品创作，他的经典之作《蒙娜丽莎的微笑》就有黄金矩形、黄金螺线等黄金分割的体现。比如蒙娜丽莎的脸型接近于黄金矩形，她的鼻孔、下巴、头顶和手等重要部位经过黄金螺线，她头宽和肩宽的比接近于0.618的黄金比例，等等。也许正因如此，才有了让世界惊叹的微笑之美，如此迷人，又如此神秘。

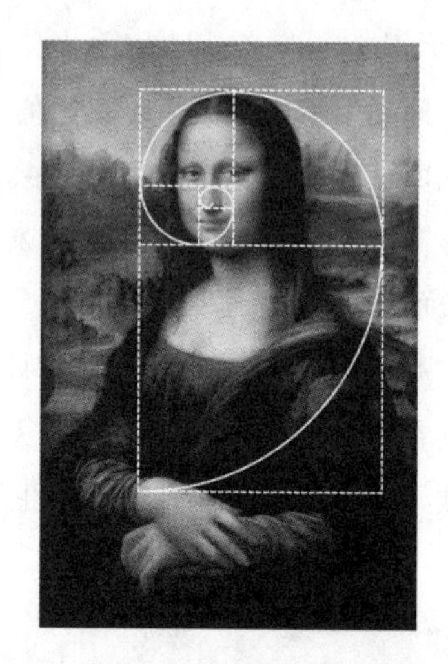

《蒙娜丽莎的微笑》中的黄金矩形和黄金分割的体现

不仅上述作品，目前许多作品都已被发现含有黄金矩形、黄金三角形和黄金五角星等黄金分割的体现，如达·芬奇《最后的晚餐》、法国画家米勒的《拾穗者》、意大利画家波提切利的《维纳斯的诞生》和意大利画家拉斐尔的《大公爵的圣母像》等。黄金分割的构图设计成就了如此多的经典制作，黄金分割带来艺术之美。

自然界中的黄金分割

当我们被自然界的种种神秘所吸引，并为之探索时会发现，处处有黄金分割或黄金数0.618，且自然界中也处处有斐波那契数，也就暗含黄金数0.618。

动物身体上的黄金分割

翩翩起舞的蝴蝶，飞在花丛中，你知道它也拥有黄金分割吗？蝴蝶的身长与双翅展开后的长度之比接近黄金分割0.618。

除蝴蝶外，动物界中但凡形体优美的动物，如马、狮、虎、豹等，其身体部分的长度与宽之比都接近黄金分割。

蝴蝶与黄金分割

（蝴蝶拍摄人：sirichai2514）

向日葵花盘中的螺旋线

观察向日葵花盘会发现花盘上有两组螺旋，一组顺时针方向，一组逆时针方向，并且彼此镶嵌。数一数顺时针和逆时针的螺旋数量，虽然向日葵品种不同会有所不同，但居然都体现斐波那契数：21 和 34，34 和 55，55 和 89，89 和 144，一般为这几组中的一组。其中前一个数字是逆时针螺旋数量，后一个数字是顺时针螺旋数量，且两个数字都是斐波那契数列中相邻的两个数字。① 甚至更有探索者发现，有一个更大的向日葵拥有 144 和 233 条螺旋，它们同样是相邻的两个斐波那契数。②

仔细观察下面图中两个向日葵花盘，你能找到顺时针和逆时针螺旋线数量分别是多少吗？螺旋数是否相同？

① 朱永胜．植物与斐波那契数［J］．镇江高专学报，2006（1）：67－69.

② 于海杰．奇妙的斐波那契数列［J］．赤峰学院学报（自然科学版），2014（8）：1－2.

向日葵花盘 1

（拍摄人：Magicillustrator）

向日葵花盘 2

（拍摄人：Alexis84）

小小雏菊花的花冠①

在小小雏菊花花冠的蜗行排列中也隐藏着斐波那契数。雏菊花冠向右旋转的螺旋有 21 条，向左旋转的螺旋有 34 条。

雏菊花冠排列的螺旋花序中，如同自然界中许多植物一样，还隐藏着与斐波那契数列相关的另一数据，就是小花以 137. 5°的夹角排列。137. 5°被称为黄金角，可以确保雏菊茎上每一枚花瓣都能接受最大量的阳光照射。科学家研究表明，黄金角 137. 5°可以确保植物叶子采光和通风效果最佳。许多植物都能找寻到黄金角 137. 5°的踪迹，植物们都是天生的数学家。

自然界中其他随处可见的黄金分割

叶子中，主叶脉长度与叶子的总长度之比接近 0. 618，其中叶子的总长度为主叶脉与叶柄之和。

松果中，左右螺旋的数量符合斐波那契数，即遵循黄金分割。

自然界中，仙人掌的结构特征、菠萝的左右旋转鳞片、挪威云杉的球果等都体现着斐波那契数。它们是如何做到，它们又想告诉我们什么？仅仅是适者生存的进化结果吗？

---

① 王玮．无处不在的数学［M］．广州：世界图书出版公司，2009：128.

树叶与黄金分割

（树叶拍摄人：Skypixel）

松果与斐波那契数的螺旋个数

（松果拍摄人：Xamtiw）

随处可用的黄金分割

我们知道了黄金分割或者说黄金数 0.618，知道了斐波那契数列，认识了黄金矩形、黄金三角形、黄金五角星、黄金椭圆和黄金双曲线等，相框可以做成黄金矩形，鞋柜可以黄金分割划分为上、下两层，花瓶的长度和宽度可以按黄金分割设计，饮食搭配也可以黄金分割……

第五章

密码与整数

在远古时期，人们就已经用数字管理自己的生活，从结绳计数，到中文的一、二、三……再到阿拉伯数字 1，2，3……如今，整数数字的使用有科学严谨型，如制作密码；有带来乐趣的娱乐型，如扑克牌 24 点游戏。数字不仅形成数学理论学科——数论，数字还成为人类情感的一种寄托，如“520”代表“我爱你”，“1314”代表“一生一世”。如今，整数与我们的生活密不可分，我们的生活离不开这些整数！

梦想的 2112 年与回文数

人们总是愿意抱着美好的心态去迎接未来，一如当年迎接千禧年 2000 年的喜庆，欢庆 2008 年奥运会盛大召开的荣耀。未来 2112 年，你有期待什么样的景象吗？科技发展如此迅速，2112 年又会迎来如何的特别之处？

2112 年会是怎样的一番景象，只有留待未来去见证。无论将来生活有何特别，对于数学家来说，2112 永远是特别的数字——2112 是一个回文数。

回文数与回文数年

“回文数”是整数中一类特殊数字，从左到右正读与从右到左倒读都一样。回文数看起来左右对称。如果年份是回文数，称为“回文数年”，也被称为“对称年”。我们刚送走两个回文数年，一个是 1991 年，另一个是 2002 年。对于数字 1991 和 2002，正读与倒读都一样，两个都是回文数；而且 2002 年是 21 世纪的第一个，也是最后一个回文数年。

人的一生能经历多少个“回文数年”呢？从11世纪到20世纪共1000年中，“回文数年”仅仅有10个，即1001，1111，1221，1331，1441，1551，1661，1771，1881，1991，每个世纪只有一个回文数年，且每两个相邻的回文数年间隔110年。在20世纪与21世纪交接处有两个回文数年，分别就是1991与2002，它们相隔只有11年。其他各个不同世纪所经历的情况相同。幸运的话，一个人能经历两个回文数年，否则一般只有一次经历回文数年的机会。

如今，对于我们来说，2002年之后的回文数年只能期待2112年。迎接到回文数年2112年将是一项年龄的挑战和美好的梦想。

回文数年

回文数的个数

对于数学家们来说，他们迎接的挑战是，通过各种形式研究和获得“回文数”。那么，究竟有多少个回文数？

我们思考与观察一下，便会发现：两位数中一共有9个回文数，分别为11，22，33，44，55，66，77，88，99；三位数中一共有回文数$9\times10=90$个，分别为101，111，121，…，191，202，212，222，…，989，999。一般情况下，n位数的回文数个数为：

（1）当n为偶数（$n=2k$）时，回文数个数为$9\times10^{k-1}$（其中k为大于0的自然数）。

（2）当 n 为奇数（$n=2k+1$）时，回文数个数为 9×10^k（其中 k 为自然数）。

回文数的提炼

除了在自然数中寻找回文数，回文数还可以通过一般数字计算制造。比如，$83+38=121$，制造回文数 121 的规律为“一个数字与其本身相反后的倒序数相加得到回文数”。但有些数字需要经过多次相加计算，才能制造出回文数，例如 67 需要经过两步计算才能得到回文数 484，计算过程为：

$$67+76=143$$

$$143+341=484$$

如果数字 89 用这种方法制造回文数，需要经过 25 次反复计算。数学家们提出一个有趣的猜想：通过这种形式，是不是所有的数字都能经过有限步后形成回文数？时至今日，问题解答依然没有迎来胜利的曙光，有些数字仍未被“驯服”，无法确定是否最终能制造出回文数。比如数字 196，在现有技术下已经算到 3 亿多位，依然无法制造出回文数。

数学家们各显神通，找到许多制造回文数的方法。有些数字与自身相反后的倒序数相乘可得到回文数，比如 $21\times12=252$。有些数字与自身相邻的数字相乘可以形成回文数，如 $77\times78=6006$。还有一类数字自身和自身相乘得到回文数，如 $121=11\times11$。如同数字 121 自身是回文数，又可表示为数字 11 的平方，这类数字又被称为平方回数。100 到 1000 以内的平方回数只有 3 个，分别是 121，484，676。

$$121=11\times11$$

$$484=22\times22$$

$$676=26\times26$$

数学家们还发现许多能形成回文数的“回文算式”。比如算式 $3\times51=153$，将等式中的乘号（×）、等号（=）去掉，那么就变成一个回文数 351153，这种算式被称为“回文算式”。下面几个算式都是回文算式。

$6 \times 21 = 126$　　　　（回文数 612126）

$34 \times 86 = 68 \times 43$　　　　（回文数 34866843）

$102 \times 402 = 204 \times 201$　　　　（回文数 102402204201）

$9 \times 7 \times 533 = 33579$　　　　（回文数 9753333579）

回文算式中还有一些特殊的奇妙结果，不仅算式中的数字能合成回文数，就连最终乘积的结果也是回文数。例如，

$12 \times 231 = 132 \times 21 = 2772$（1223113221,2772 都是回文数）

数学家们认为数字里拥有着无比神奇的力量，发现这些力量是他们的使命和责任。从不同形式中找到回文数、创造回文数，能让数学家们获得一种乐趣和满足。

文学中的“回文”

数学家们热衷于探索回文数，文学家们也对“回文”不陌生。我国文学作品中就有“回文”这一特殊体裁，包括回文诗、回文联等。与回文数不同的是，文学中“回文”的特点是：一段词汇或一篇文章，在作者的巧妙安排下，无论顺读、倒读或排成圆圈后再按一定顺序读，具有相同或者同样具有意义的作品。

有人认为“回文”是一种文字游戏，多少失之偏颇。许多经典回文的选词和构思十分巧妙，语言精美，寓意深刻，不仅显示创作者的文学功底，也为诗词文化独添魅力。

回文有多种形式，如“通体回文”“就句回文”“双句回文”“本篇回文”“双篇回文”“环复回文”等。每一种形式里都能找到许多经典之作，表现出作者技巧高超和汉字驾驭的能力，也极大体现了汉字的可塑性。

下面列出一些经典诗词，欣赏不同形式中回文的美妙之处。

其一

经典名言中的“回文”，不但优美，且富含人生哲理。

信言不美，美言不信。（出自《道德经》）

日往则月来，月往则日来。（出自《易经·系辞》）

非人磨墨墨磨人。（出自宋朝苏轼《次韵答舒教授观余所藏墨》）

其二

古人喝茶、吃饭讲究一个“雅”字，茶馆和餐馆门前常贴有对联，许多还被传为一段佳话。

北京就有一家餐馆，别具一格名为“天然居”。名字有名，门前的对联更有名，对联为“客上天然居，居然天上客”。这副对联不仅点出餐馆名字，亦将顾客喻为天上不俗之客，十分有意境。而且它还是一首回文联，后句将前句倒过来念即可。

这副对联还有一典故。据说，乾隆皇帝曾把这副回文联合成一句，作为上联，考考文武百官，看谁能对出下联。最后，还是学富五车的才子纪晓岚对出下联：

人过大佛寺，寺佛大过人。

一时间这副回文对联传为佳话，许多文人墨士纷纷献宝，各自给出自己的下联。到今天，依然很多人感兴趣，希望给出更工整、更有意境的下联。

提到茶馆，还要说说北京前门的老舍茶馆，门前有一副对联：

前门大碗茶，茶碗大门前。

仔细瞅瞅，下联也是由上联倒过来得到。对联中有地理位置“前门”，有经营产品“大碗茶”，还展示了经营特色，短短十个字可谓面面俱到，不愧为传世佳作。

其三

“锦字回文”，一个与回文有关的成语，指将回文绣在锦缎上，喻指情诗。此成语源于一典故，而这一典故也流传为一段佳话。

前秦时期，秦州刺史窦涛远到外地为官，妻子苏若兰未能同行。为表思念与关心之情，苏若兰在一块八寸见方的锦缎上绣回文诗，横纵各 29 字，共八百多字。窦涛收到锦字后，不禁赞叹妻子的才华，感受到妻子浓浓的情意。

后来，两人终于有机会团圆，十分恩爱，传为佳话。

苏若兰所绣锦字便是有名的《璇玑图》，无论正读、反读、横读、斜读、退一字读、迭一字读和交互读等12种读法，都可以成诗。有人算过，可得三言、四言、五言、六言和七言等各种形式的诗共7958首①，每一首诗都让人见识和感叹作者的悲欢忧乐、一往情深，让世人为之动颜。

从《璇玑图》中摘取一首《回文旋图诗》。

开篷一棹远溪流，走上烟花踏径游。
来客仙亭闲伴鹤，泛舟渔浦满飞鸥。
台映碧泉寒井冷，月明孤寺古林幽。
回望四山观落日，偎林傍水绿悠悠。

可倒读为：

悠悠绿水傍林偎，日落观山四望回。
幽林古寺孤明月，冷井寒泉碧映台。
鸥飞满浦渔舟泛，鹤伴闲亭仙客来。
游径踏花烟上走，流溪远棹一篷开。

其四

宋代李愚写了一首诗《夫忆妻》，正读为丈夫思念妻子，倒读又为《妻忆夫》，即妻子思念丈夫。不得不说其妙哉啊！

正读：

枯眼望遥山隔水，往来曾见几心知？
壶空怕酌一杯酒，笔下难成和韵诗。
途路阻人离别久，讯音无雁寄回迟。
孤灯夜守长寥寂，夫忆妻兮父忆儿。

倒读：

儿忆父兮妻忆夫，寂寥长守夜灯孤。
迟回寄雁无音讯，久别离人阻路途。

---

① 窦红梅，窦孝鹏．炎黄文化一绝——璇玑图［J］．炎黄春秋，1993（7）：34－36.

诗韵和成难下笔，酒杯一酌怕空壶。

知心几见曾来往？水隔山遥望眼枯。

其五

清代女诗人吴绛雪，才貌双全，天资聪颖，9 岁通晓音律，闻曲即唱；11 岁即能做诗，有情有景；12 岁以诗入画，诗书画三绝。其中，她创作的四季回文诗“春夏秋冬”最为极妙，一句话 10 个字，10 个字可得一首诗，将四季描写得入木三分，而“夏”更是公认的一枝独秀。

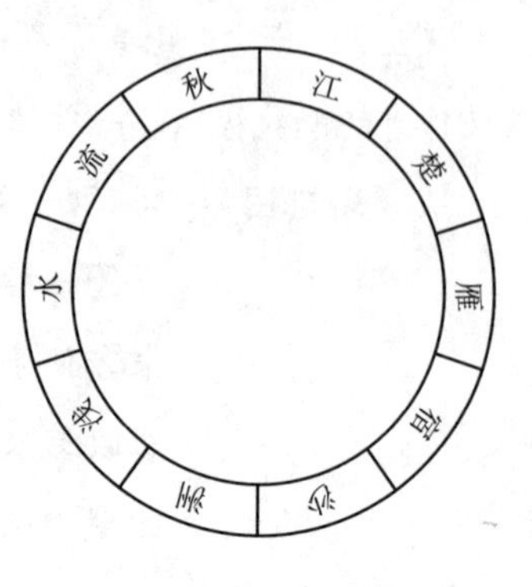

四季回文诗《秋》

春：莺啼岸柳弄春晴夜月明

夏：香莲碧水动风凉夏日长

秋：秋江楚雁宿沙洲浅水流

冬：红炉透炭炙寒风御隆冬

回环后得到的“春夏秋冬”回文诗：

春：莺啼岸柳弄春晴，柳弄春晴夜月明。

明月夜晴春弄柳，晴春弄柳岸啼莺。

夏：香莲碧水动风凉，水动风凉夏日长。

长日夏凉风动水，凉风动水碧莲香。

秋：秋江楚雁宿沙洲，雁宿沙洲浅水流。

流水浅洲沙宿雁，洲沙宿雁楚江秋。

冬：红炉透炭炙寒风，炭炙寒风御隆冬。

冬隆御风寒炙炭，风寒炙炭透炉红。

其六

“苏门四学士”之一秦观，是苏轼的妹夫和挚友，他的才气颇得苏轼赏识。据说有一次，苏轼到府上探望秦观，他刚好外出到寺庙。于是，苏轼便写信问情况。不久就收到秦观的回信，只有 14 个字“赏花归去马如飞酒力微醒时已暮”。苏轼看后，连声叫绝，提起笔写出谜底。原来，这是一首回文谜图的连环诗《赏花》。

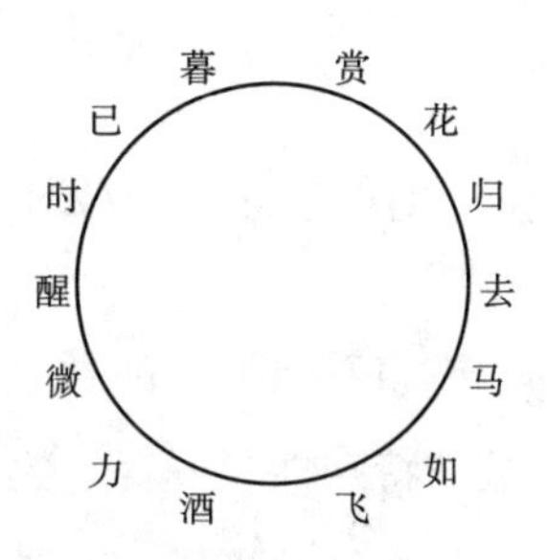

连环诗《赏花》

赏花归去马如飞，

去马如飞酒力微。

酒力微醒时已暮，

醒时已暮赏花归。

这首诗中，秦观生动形象地描绘了他外出的经历，“赏花”“骑马”“醉酒”“醒酒”4件事情用循环的方式连在一起，组成一首七言回文绝句，而且每个字均出现两次，不得不说其高超的文字驾驭能力。

其七

许多科学家拥有诗人情怀，他们将诗融入理论中，一切变得多姿多彩。诺贝尔获得者杨振宁教授讲解“物理与对称”时，曾选用苏轼的七律诗《游金山寺》中的一部分来说明“对称”①。

潮随激浪雪山倾，远浦渔舟钓月明。

桥对寺门松径小，巷当泉眼石波清。

迢迢远树江天晓，蔼蔼红霞晚日晴。

遥望四山云接水，碧峰千点数鸥轻。

将这首诗从后往前倒读为：

轻鸥数点千峰碧，水接云山四望遥。

晴日晚霞红蔼蔼，晓天江树远迢迢。

清波石眼泉当巷，小径松门寺对桥。

明月钓舟渔浦远，倾山雪浪激随潮。

文学中的“回文”与数学中的“回文数”或许能找到共同关联，例如，回文数12345677654321，可以对应回文诗“一二三四五六七，七六五四三二一”。数字变得活跃，诗词也变得鲜明。

---

① 易南轩，王芝平．多元视角下的数学文化［M］．北京：科学出版社，2007：291.

“的士数”1729 与拉马努金

许多看似平常的数字，在数学家眼里却是奇珍异宝、独具魅力。研究整数的特殊性，一直是数论领域的重要议题，人们试图在数字间找到联系，不仅是爱好和兴趣，同时还可以解决一些实际意义的问题，如密码问题等。

有些平常无奇的数字，还与数学家们一起经历着奇闻轶事，数字 1729 的背后就有一段故事。

印度数学家拉马努金（Ramanujan，1887—1920）是一位数学奇才，他一生创造了 3000 多个神奇公式，包括拉马努金圆周率公式、拉马努金黑洞公式和拉马努金恒等式等。许多公式只有结果，没有推导过程。这让人们感到十分疑惑和好奇，究竟拉马努金是如何得到这些奇妙公式，而且获得如此高产的公式。许多数学家被深深吸引，投入研究这些奇妙公式的科研工作。其中有一个公式，直到 2012 年才被破解，可以用来解析黑洞秘密，这个公式被定义为拉马努金黑洞公式。至今他的许多公式还在被努力破译中。

拉马努金在英国进行数学研究时，有一次生病住院，英国数学家哈代（Hardy，1877—1947）乘出租车过来探望他。下车的时候，凭着数学家的敏感，哈代注意到车牌号 1729，他琢磨了一下，没能发现这个车牌号有什么特别之处。到了病房里，哈代还在思考着，并向拉马努金表达出自己的失望，说这是一个无聊乏味的数字。拉马努金提出异议，

的士数 1729

（设计者：DenLeo）

说道：“哈代，你错了。这是一个非常有趣的数字。1729 是 9 的三次方和 10 的三次方之和，也是 1 的三次方和 12 的三次方之和。它是能用两种不同方式表示成两个正立方数之和的最小数字。”拉马努金思维反应如此之快，这

些整数对他来说如数家珍一样，难怪有人评价说“每个整数都是拉马努金的朋友”①。

哈代后来很喜欢将这个故事讲给学生听，并把数字 1729 称为“的士数”（出租车数或计程车数）。“的士数”便由此而来，第 n 个“的士数”定义为能以 n 种方法表示成两个正立方数之和的最小正整数。第 1 个“的士数”是 2，第 2 个“的士数”是 1729，第 3 个“的士数”是 87539319。

$$2 = 1^3 + 1^3 \quad \text{（第 1 个“的士数”）}$$

$$1729 = 9^3 + 10^3 = 1^3 + 12^3 \quad \text{（第 2 个“的士数”）}$$

$$\begin{aligned} 87539319 &= 167^3 + 436^3 = 228^3 + 423^3 \\ &= 255^3 + 414^3 \quad \text{（第 3 个“的士数”）} \end{aligned}$$

你有注意生活中碰到的数字吗？会思考它有什么奇特之处吗？例如，一年有 365 天，数字 365 有什么特别吗？

有人发现 365 刚好是 100、121 和 144 相加之和，也就是 10、11 与 12 相邻 3 个数的平方之和。

$$365 = 100 + 121 + 144 = 10^2 + 11^2 + 12^2$$

还有人发现，$365 = (2^3 \times 3^2 + 1) \times (2 + 3)$，说明它可以用 1、2 和 3 这 3 个数表示。更有人发现人的正常体温是 36.5℃，和 365 看起来如此相像，于是猜想它们两者之间是否有联系。数学家们大胆提出很多猜想，已经有许多猜想被证实。也许你的某个猜想并不是天马行空。

用于制作密码的素数

素数除了自身魅力外，还有一个重要用途就是制作密码。尤其大素数的应用，主要用于类似 RSA 密码算法的网络密码②。密码是为了确保秘密在

① 崔恒刘. 数学奇才拉马努金［J］. 初中生世界，2021（12）：63.

② 最大素数有什么用？［J］. 语数外学习（高中版上旬），2018（2）：61.

自己一方能掌握和明白，保证秘密不被泄露。素数具有这样的能力，所以数学家热衷于寻找素数。

RSA 密钥

（设计者：Funtap）

素数（也叫质数）是大于 1 的自然数，且只能被自身和 1 整除，不能被其他自然数整除，如 2、3、5 等。不是素数的自然数称为合数，如 4、6、8、9 等。1 既不是素数也不是合数。

素数是如何被用来做密码的呢？

如果挑选两个很大的素数 m 和 n，位数均为 100 位，类似这样很大的素数称为大素数。将两个大素数 m 和 n 相乘得到合数 $a = m \times n$。甲方造密码时，公开 a，但 m 和 n 保密，只有自己一方知道。传送密文时，要想破解，必须知道 m 和 n。因为甲方自己知道 m 和 n，所以很快就可以把密文翻译成“明文”。但如果乙方只得到密文和 a，无法直接破译密文，因为要想破译密文，需要知道 a 的两个因数 m 和 n。关键点和难点就在这里，已知 a 是合数时如何能找到它的两个因数。如果能找到因数，密码自然就破译了。

即使今天有了高速计算机和优化算法，对于很大的数 a，比如 200 位的数字，要想找到两个素数因数也需要很长时间，或者有时候无法解决，从而保证密文的安全性。

事实上，很少存在解不开的密码，只能说一个好的密码被破译需要花费较长时间。不论是用素数制作密码，还是其他形式，都只是尽可能地拖延时间。如同网络防火墙，总有黑客能破译，只是时间问题，当然黑客事件还涉及法律问题。

梅森素数

最初研究素数时，数学家们想知道素数能有多少，很快古希腊数学家欧几里得就给出答案，证明出“素数有无限多个”。虽然素数个数的疑惑消除，但数学家们没有减少对素数的热情，又踏上新的征程，开始寻找更大、更新的素数。随着研究深入，还希望能有一个统一的表达式表示所有素数。

1640 年，法国数学家费马（Fermat，1601—1665）——“业余数学家之王”，提出猜想定义公式 $F_n=2^{2^n}+1$ 表示所有素数。费马本人只验证了 $n=0$，1，2，3，4 时的情形，得到的数都是素数，这 5 个数字被称为费马素数（简称为费马数）。但 $n=6$ 时未给出验证，费马只是推理“应该是素数”。众多数学家展开研究，发现 n 为 5，6，7，8，…，21 时，F_n 都不是素数。非常遗憾的是，费马公式最终没能完成任务，即找到一个公式表示所有素数。

法国数学家马林·梅森（Marin Mersenne，1588—1648），在 1644 年发明了一个公式 $M_n=2^n-1$（指数 n 是素数）。该公式算出的数被称为“梅森数”；当得到数字为素数时，被称为“梅森素数”。最小的梅森素数是 $2^2-1=3$，第二个梅森素数是 $2^3-1=7$。梅森的公式能不能创造奇迹，能不能用来表示所有素数？或者说计算出的数字都是素数？同样非常遗憾的是，计算出的数字中也有合数。

基于梅森的公式，数学家希望通过它能够找到更多素数。1772 年，瑞士数学大师欧拉虽然已经双目失明，但凭借强大的心算找到第 8 个梅森素数 $2^{31}-1$（M31，即 2147483647）。该数有十位数字，而且是当时知道的最大素数。人们称欧拉为“数学英雄”，人们赞叹他，不仅是赞叹解题技巧，更是赞叹他顽强的毅力。

依靠纸笔，人们仅找到 12 个梅森素数。梅森素数越来越庞大，手工计算将无法进行下去。之后计算机问世，终于不再受限于人工计算，数学家们寻找梅森素数的速度大大加快。从 1952 年第 13 个梅森素数（M521），一直到 1996 年第 34 个梅森素数（M1257787），都是通过计算机确定获得。

20 世纪末开始，找到的一些梅森素数不仅是通过计算机，还是在网络合作中完成的。有一个名为“互联网梅森素数大搜索”（GIMPS）的国际合作项目，最初由来自美国、英国、法国、德国、加拿大和挪威的科学家共同参与搜寻梅森素数。据统计，GIMPS 项目曾共吸引 180 多个国家和地区，大约 70 万人参加，并动用 180 多万台计算机联网，通过网格计算希望寻找新的素数。第 36～51 个梅森素数都是通过这个合作项目找到。1997 年发现第 36 个梅森素数，达到 859932 位数，需要占用纸张 450 页；1998 年和 1999 年，第 37、第 38 个梅森素数相继被发现。而第 38 个梅森素数 $2^{6972593}-1$（即 M6972593）是第一个达到百万位数。到 2001 年，长达 4053946 位数的第 39 个梅森素数被宣告发现和破解。2008 年 8 月发现第 46 个梅森素数 $2^{43112609}-1$（即 M43112609），这是第一个超过 1000 万位的梅森素数，这一重大成就被著名的《时代》杂志评为“2008 年度 50 项最佳发明”之一。第 51 个梅森素数为 $2^{82589933}-1$（即 M8258933），是一个 24862048 位数。如果用普通字号将它打印下来，其长度将超过 100 千米！

甚至为了鼓励对梅森素数的探索，1999 年 3 月，美国“电子前沿基金会”（EFF）设立奖金，面向全世界奖励通过 GIMPS 项目找到梅森素数的个人或机构。它规定第一个找到超过 100 万位数的个人或机构，奖励 5 万美元；超过 1000 万位数，奖励 10 万美元；超过 1 亿位数，奖励 15 万美元；超过 10 亿位数，奖励 25 万美元。第 47～51 个梅森素数的发现者都获得该机构的奖励。截至 2022 年，100 万位数、1000 万位数的奖金已颁发，1 亿位数的奖金何时能颁发还要继续等待。当然这一奖励也许让更多人为了奖金而投入寻找梅森素数，但相信更多参与者是出于对数学的热爱，对梅森素数的好奇和求知。

当许多人在通过计算机寻找梅森素数的时候，有一部分人却另辟蹊径。这里必须要提的是，1992 年，我国数学家周海中首次给出梅森素数分布的准确表达式，从而更加方便人们寻找梅森素数。这一成果被国际上命名为“周氏猜测”。①

梅森素数被称为“数海明珠”。在科学界普遍认可，“哥德巴赫猜想代表一个国家的数学水平；梅森素数的研究成果，在一定程度上反映一国的科技水平”。梅森素数除被应用于密码研究之外，它的发展还能推动数论的发展，从而大大促进计算技术、程序设计技术和网格技术等多个领域的发展。

美国伊利诺伊大学数学系盖章的纪念梅森素数的邮戳：$2^{11213}-1$ 是个素数

资料来源：曹茜．梅森素数探究为什么这么火［J］．科学24小时，2021（12）：41－42。

印第安“纳瓦霍”人的无敌密码②

美国有一部电影《风语者》，著名演员尼古拉斯·凯奇主演，正是取材于二战期间纳瓦霍族密码员的真实故事，讲述一段关于密码的传奇。

二战中，美国的密码总能被精明的日本人破译。如何确保密码的安全性，迅速准确送出情报，成为战争获得胜利的重要保障。于是，有人突发奇想用纳瓦霍族的语言作为电报密码。纳瓦霍族人被训练成专门的密码员，人称“风语者”。

纳瓦霍语究竟有什么优势，能被用来创建密码？其实，纳瓦霍语没有文字，是音调语言，只靠音高和语调表达不同的内涵。对于非本族的人来说，这简直就是“鸟语”，完全听不懂。在当时，掌握这门语言但又不是纳瓦霍族人，全世界才不足30人，其中没有日本人，从而保证日本内部没有

① 张四保，陈晓明．梅森素数与周氏猜测［J］．科技导报，2013，31（3）：84.

② 刘心印．纳瓦霍密码 答案在风中飘［J］．国家人文历史，2014（12）：129－132.

人能懂这门语言。于是，美国部队起用一部分纳瓦霍族人专做密码工作，用纳瓦霍族语言设计密码，加密电报。这一决定十分英明，自从用纳瓦霍语作为密码，怪异和让人听不懂让它成为优势，让密码安全性得以保证，让消息安全传递。

英国前首相丘吉尔曾形容密码员，就是“下了金蛋却从不叫唤的鹅”[①]。到2003年，美国前总统布什为作出贡献的纳瓦霍族特殊密码员颁奖，颁发了美国政府最高勋章——国会金质奖章，送上一份迟来的肯定。如今的印第安部落纳瓦霍人，带着这份荣誉，依然生活在最广阔的印第安保护区。

今时今日，我们面临更多的密码需要，包括信用卡消费、网上购物、电子邮箱和网络聊天软件等网络系统的许多领域。人们希望能获得安全性能高、不易破解的密码，希望自己的财产和信息受到保护。

完全数、亏数、盈数

大家玩过扑克牌的24点游戏吗？将大王、小王两张牌拿掉，从余下牌中随机抽取4张，运用加、减、乘、除等运算法则能计算出24的，则获胜。

对数学家来说，仅仅24点游戏并不能满足他们。在他们眼里，任何数字都可以是一个游戏。而且当发现数字的与众不同之处时，他们则会欢呼雀跃，还会为新发现命一个美好的名字。

数学家有哪些数字游戏？又能发现数字的什么秘密？

首先如果让你观察数字28，你能想到或得到什么？然后我们再来看看数学家的思考和发现。公元前6世纪，古希腊数学家毕达哥拉斯最早发现，28的因数是1、2、4、7、14、28，除去它本身28外，其余因数相加恰好是28。像28这样，除自身外的其余因数之和恰好等于它本身的数字被称为完全数，又称完美数或完备数。

所有的数字都如同28一样为完全数吗？数字8，其因数分别为1、2、

---

① 思不群．二战全史（第4册）［M］．北京：中国华侨出版社，2015：661.

4、8，除 8 外的因数之和为 7，比自身 8 要小，我们称这样的自然数为“亏数”。反之，数字 12，除自身外的因数为 1、2、3、4，6，相加之和为 16，比自身 12 要大，我们称这一类的自然数为“盈数”。由此看来，完全数是既不盈余、也不亏损的自然数。

$$1+2+4+7+14=28 \qquad \text{(28 是完全数)}$$

$$1+2+4<8 \qquad \text{(8 是亏数)}$$

$$1+2+3+4+6>12 \qquad \text{(12 是盈数)}$$

毕达哥拉斯是最早发现完全数的数学家。除了 28，他还发现 6 是最小的完全数。对于 6，毕达哥拉斯评价说：“6 象征着完美的婚姻以及健康和美丽，因为它的部分是完整的，并且其和等于自身”①。6 是完全数，或许能说明为什么在东西方文化中，数字 6 都具有十分重要的意义。

在我国传统文化和现实生活中，人们喜欢数字 6，寓意吉祥顺利。《易经》中的一句名言“三三不尽，六六无穷”，“六”指上下左右前后，“六六无穷”意指无穷空间。后延伸出“六六大顺”，就连行酒令中，都有这个词。过生日，66 岁是一个值得庆贺的年龄。传统文化中，还有许多与“六”有关的记载：“六艺”是礼、乐、射、御、书、数六种技能；《诗经》中的“六义”包括诗的分类“风、雅、颂”和诗的表现手法“赋、比、兴”；用来指天地和宇宙的“六合”是东、西、南、北、上、下六个方位；泛指所有亲属的“六亲”即父、母、妻、子、兄、弟；六部儒家经典的“六经”是《诗》《书》《易》《礼》《乐》《春秋》。还有“六朝”“六腑”“六弦琴”，六个面的骰子，成语中的“六根清净”等。“6”在现实生活中比比皆是，也许正因为它是一个完全数。

在西方社会中，将数字赋予新意义的毕达哥拉斯学派认为，完全数 6 与上帝用 6 天创造世界有关系。有人认为，西方《圣经》中 6 和 28 是上帝创造世界时所用的基本数字；他们还指出“创造世界花了 6 天，28 天则是月

---

① 徐品方．魅力无穷的完全数［J］．数学通报，2000（10）：39－41.

亮绕地球一周的数字”。有一位思想家解释说，正因为6是完全数，上帝才在6天内造好一切事物；而上帝造人用了7天，7不是完全数，所以人是不完美的。这些解释无疑为6添加更多神秘的色彩。事实上，西方很多国家认为6是不祥之数，与中国刚好相反。

完全数自诞生，就吸引众多数学家和爱好者孜孜不倦地寻觅。但人们发现它并不容易找到，即使到了今天计算机时代，目前找到的完全数和梅森素数一样稀少。到 2022 年，一共才发现 51 个完全数：6、28、496、8128、33550336……

完全数的数字越来越大，目前最大的完全数按四号字打印估计会有一本小字典大小。

如同做游戏一样，有意思的是，数学家找到完全数许多有趣的现象：

（1）完全数都是以6或8结尾；如果以8结尾，实际肯定以28结尾。

（2）每一个完全数又是三角形数，都可以写成连续自然数之和。例如，

$$6 = 1 + 2 + 3$$

$$28 = 1 + 2 + 3 + 4 + 5 + 6 + 7$$

$$496 = 1 + 2 + 3 + \cdots + 30 + 31$$

（3）每一个完全数都可以写成2的连续正整次幂之和。例如，

$$6 = 2^1 + 2^2$$

$$28 = 2^2 + 2^3 + 2^4$$

$$8128 = 2^6 + 2^7 + 2^8 + 2^9 + 2^{10} + 2^{11} + 2^{12}$$

（4）除6以外，其他完全数可以表示成连续奇数的三次方之和。例如，

$$28 = 1^3 + 3^3$$

$$496 = 1^3 + 3^3 + 5^3 + 7^3$$

（5）每一个完全数的全部因数的倒数之和都是2，因此每个完全数又都是调和数。例如：

6的全部因数为1、2、3、6，有

$$\frac{1}{1}+\frac{1}{2}+\frac{1}{3}+\frac{1}{6}=2$$

28 的全部因数为 1、2、4、7、14、28，有

$$\frac{1}{1}+\frac{1}{2}+\frac{1}{4}+\frac{1}{7}+\frac{1}{14}+\frac{1}{28}=2$$

调和数的定义为：如果一个正整数 n 的所有因数的倒数之和是整数，则 n 称为调和数。完全数通过计算得到整数 2，所以完全数都是调和数。

（6）完全数的各位数字相加，一直重复，直到变成个位数时一定为 1。例如，

$$28:\ 2+8=10, 1+0=1$$

$$496:\ 4+9+6=19, 1+9=10, 1+0=1$$

目前，我们无法知道一共有多少完全数，会不会有奇数的完全数。如此稀有的完全数，科学家仍不断探索，未来的一切都还是未知。法国数学家笛卡尔预言：“能找出的完全数是不会多的，好比人类一样，要找一个完美人亦非易事。”[①] 毕达哥拉斯学派中一位成员也感慨过：“也许是这样，正如美的、卓绝的东西是罕有的，是容易计数的，而丑的、坏的东西却滋蔓不已；是以盈数和亏数非常之多，杂乱无章，他们的发现也毫无系统。”[②] 对于数学家来说，如此追求完全数和梅森素数，也许不但是乐趣，更是追求一种完美。

相亲相爱的“亲和数”

曾几何时，一到 2 月 14 日，或到了农历七月初七，大街小巷里都在传播爱情的信息。无论是国外的情人节，还是中国的情人节，人们都借机表达绵绵情意，希望快乐、甜蜜和幸福。甚至，数字也被赋予情感寓意，许多已广为熟知，比如“520”被喻成“我爱你”，“1314”代表“一生一世”。

---

① 陈德前．寻找完全数［J］．初中生学习指导，2019（2）：42－43.

② 韩雪涛．数的故事［M］．长沙：湖南科学技术出版社，2014：59.

有一天，相隔于银河两边遥遥相望的七仙女给董永发了一条短信："我的220，我是284，再过3天就是七月初七了。"董永看了半天，没有明白其中的含义。你知道220与284是什么意思吗？

让我们一起来寻找它们之间的秘密！

首先，我们先找到220和284两个数字的因数。220所有的因数为1、2、4、5、10、11、20、22、44、55、110和220，284所有的因数为1、2、4、71、142和284。然后，将220中除自身外的所有因数相加，可以得到284；同样地，284中扣除自身外其余因数相加为220。你发现其中的秘密了吗？220和284，你中有我，我中有你，这两个数字被称为"亲和数"；又因为象征着亲密无间，像恋爱中的两个人，彼此的唯一，于是这对数字又有了诗一般的名字"恋爱数"。除此之外，"亲和数"还被称为"朋友数"或"相亲数"。

传说，西方中世纪的时候，人们为了祈求恋爱顺利，流行佩戴一种成对的护身符：一个刻着220，一个刻着284。有些地方还曾经盛传抄写亲和数送给朋友，希望友谊长存。

据说这两个数字被毕达哥拉斯首先发现。有一天，他的一个门徒问："我结交朋友时，存在着数的作用吗？"毕达哥拉斯毫不犹豫地回答："朋友是你的灵魂的倩影，要像220和284一样亲密。什么叫朋友？就像这两个数一样，一个是你，一个是我。"① 自此，220与284有了一个亲密无间的名称——"亲和数"。

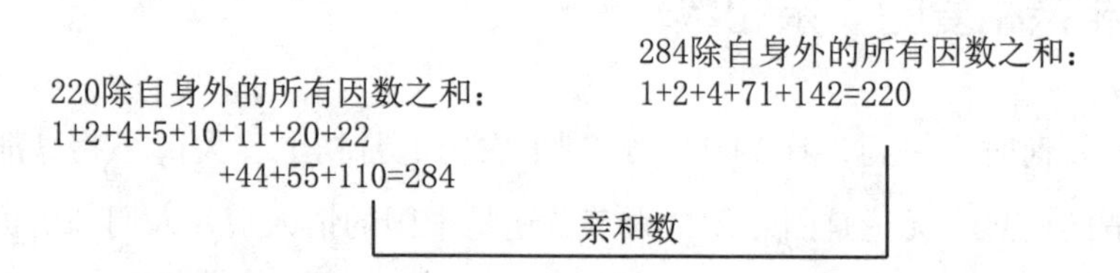

220与284是人类发现最早的一对亲和数，同时也是最小的一对。随后2500多年的漫长岁月里，人们绞尽脑汁继续探寻亲和数，却无所收获。终

① 徐品方．寻找亲和数的艰辛岁月［J］．数学通报，1999（6）：30，37－38.

于在 1636 年，法国数学家费马摘到一朵桂冠，找到第二对亲和数 17296 和 18416。紧接着在 1638 年，法国数学家笛卡尔找到了第三对亲和数。一石激起千层浪，两千多年的沉寂被打破，数学家重新燃起激情寻找亲和数。这一晃又过去一百多年，1747 年，年仅 39 岁的瑞士数学家欧拉打开迷宫，将亲和数扩大到 60 对，还列出亲和数表，并向全世界公布运算过程。

寻找亲和数是一部带有浪漫与传奇色彩的史书，它的故事还没有结束。又一个百年过去，1867 年，一位意大利中学生白格黑尼，年仅 16 岁，喜欢动脑和计算，发现数学大师欧拉居然遗漏了一对亲和数，而且是较小的一对，它们是 1184 和 1210。这一戏剧性的情节，给亲和数带来更多神秘，引来数学家们继续如痴如醉地寻找。

亲和数像整数王国中的一朵小花，不仅因为它美丽动人的传说和跌宕起伏的发展史，更因为它的美好寓意，“朋友间的友情”“恋人间的专一”。寻找亲和数的步伐还在继续，人们希望找到规律，例如所有的亲和数是否像 220 和 284 一样都是偶数或都是奇数。期待有一天能破解其中的秘密！

条形码中的产地与校验码

随着经济发展，商品供应种类越来越多，越来越齐全。尤其在超市里，琳琅满目的商品。人们在超市挑选食品时，对几个数字普遍十分关注，即生产日期和保质期。其实还有一组数字非常关键，却往往被忽略，这组数字就是“条形码”（barcode）。

超市一般把条形码扫描下来和商品价格一起储存在电脑里，方便商品销售和管理。之所以叫“条形码”，是因为它由多个宽度不等的黑条和白条排列，起到为商品提供信息代码的作用。

条形码如何设计呢？其中的数字又代表什么含义？另外，仅仅这样一串数字，能确保信息准确、商品价格等数据无误吗？其实，这种担心在设计条形码的时候已经被考虑，因为条形码不仅包含相应信息，还内置有校验码，绝大部分错误都可被预防。

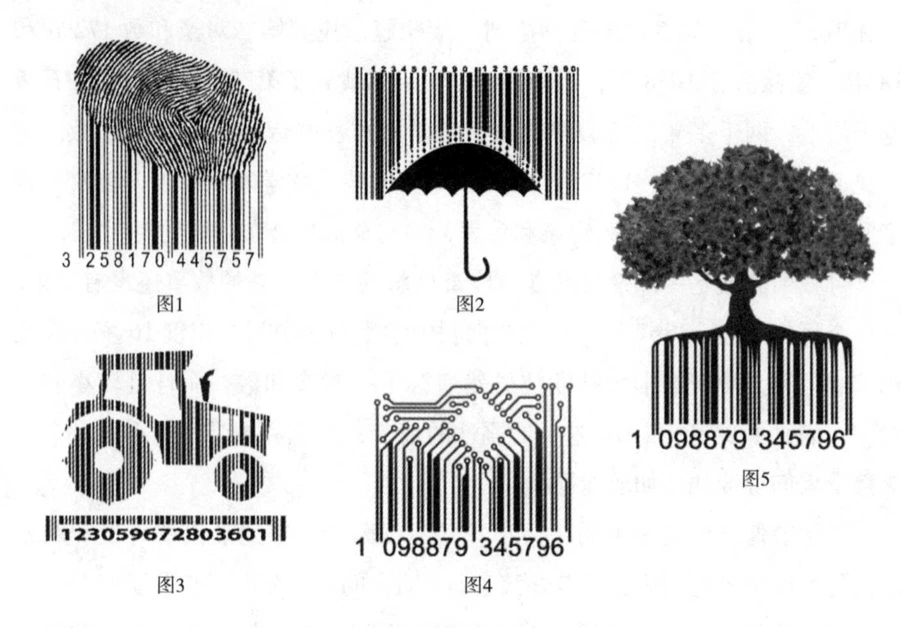

图1　图2　图3　图4　图5

各种创意条形码

（图 1 设计者：Dip2000；图 2 设计者：Caimacanul；图 3 设计者：jakkarin_rongkankeaw@ hotmail. com；图 4 和图 5 设计者：Mashukesa）

EAN 商品条形码

EAN 商品条形码，也叫通用商品条形码，由国际物品编码协会制定，适用于全世界范围，是国际上使用最广泛的一种商品条形码。我国也采用这种商品条形码。

一般条形码由 12 位数字的产品代码和 1 位数字的校验码组成，12 位产品代码中：从左往右，最前面 3 位数为前缀码，代表国家或地区；中间 4 位数字为制造厂商代码，代表企业；最后 5 位为商品代码。

□□□	□□□□	□□□□□	□
国家	制造厂商	商品名称	校验码

前缀码是由国际物品编码协会统一分配，例如我国是 690 ~ 695，美国是 000 ~ 019、030 ~ 039、060 ~ 139。

前缀码的国家代表什么？一直以来这是一个让很多人感到困惑的问题。实际上，前缀码代表条形码的注册地，并不等同于商品的生产地。实际上，注册地与生产地可能相同也可能不同。例如国内某产品条形码的前缀码是690，生产地也是国内，条形码注册地与生产地一致；可如果生产地为法国，但产品条形码的前缀码显示注册地是美国，此时条形码注册地与生产地并不一致。因此，条形码中的前缀码不能判断出商品实际在哪里生产。

制造厂商代码由各个国家或地区的物品编码组织负责。我国由国家物品编码中心负责厂商代码。商品名称代码标识商品，由生产企业自己安排。

最后一位的校验码并不是被赋予的，而是根据前面数字计算得到。计算校验码的方法为，将条形码从左向右，找出偶数位数字相加乘以3；再加上所有奇数位数字得到一个和；最后用10减去这个和的个位数，就是校验码。

例如，有一个条形码前12位数字是690932710897，计算最后一位校验码的方法如下。

从左至右排出位数：

条形码前12位：	6	9	0	9	3	2	7	1	0	8	9	7
位数：	1	2	3	4	5	6	7	8	9	10	11	12

找出偶数位数字相加乘以3：$(9+9+2+1+8+7)\times3=108$

找出奇数位数字相加：　$6+0+3+7+0+9=25$

求和：$108+25=133$

和的个位数字为：3

计算校验码：$10-3=7$

商品的校验码起到检验作用，可以用来检验条形码中左起第1～12位数字代码的正确性。同时，校验码还可以告知代码扫描完毕。

自从箭牌口香糖最早使用条形码后，现在商品都会被盖上条形码，用来表示所需要的一些信息。同时，条形码具有唯一性，同种规格同种产品对应同一代码。条形码具有永久性，代码一经分配就不再更改，是终身制，也不得再被其他商品使用。唯一性、永久性再加上校验码，都能确保条形码的准确性，维护客户利益。

EAN商品条形码还有一种是8位，由7位数字的产品代码和1位数字的校验码组成，因与13位的相似，这里就不详细说明了。

国际标准书号ISBN

找到每一本图书，你都会在封底或版权页看到一个国际标准书号ISBN（International Standard Book Number）。以前，我国图书采用ISBN－10书号；2007年1月1日之后，使用的是ISBN－13书号。如同EAN商品条形码一样，ISBN书号一共有13位数字，包含着一定信息，最后一位数字也是校验码。

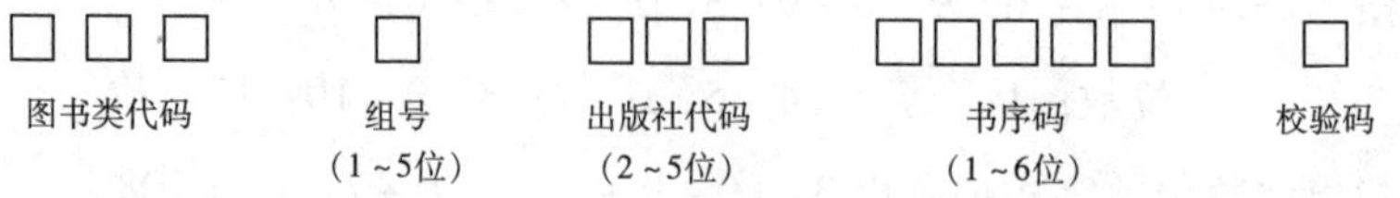

□□□	□	□□□	□□□□□	□
图书类代码	组号 （1～5位）	出版社代码 （2～5位）	书序码 （1～6位）	校验码

ISBN书号中的前三位是图书类代码978或979。中间的九位数字分成三组，分别是组号、出版社代码和书序号。最后一位数字是校验码。

组号，又叫地区号，一般由1～5位数字组成，基本上符合语言、国家和地区的划分。如，1在澳大利亚、加拿大、英国和美国等国使用，代表英语；2在法国、卢森堡和瑞士等法语区使用，代表法语；3在德国、奥地利等德语区使用，代表德语；4代表日本出版社；7代表中国出版社。如果一个国家用的组号越长，如不丹五位组号99936，则意味着ISBN书号的13位数字中剩下能使用的数字就会减少。

出版社代码由2～5位数字组成，由出版社所在国家或地区ISBN中心分配。一般来说，出版社规模越大，出书量越多，分配给它的代码就越短，从而为后面的书序号让出足够的空位。

书序号，由剩余空位的数字组成，最短可1位，最长可有6位。书序号是由出版社自己制定，每个出版社的书序号是固定长。一般说来，规模大的出版社，出书量大，因此出版社代码位数少，留给书序号的位置就多。

校验码为0~9。校验码通过计算获得，计算规则为：将12位数字从左至右依次乘以1或3（即奇数位乘以1，偶数位乘以3），然后将它们相加的和除以10获得一位余数，用10减去余数才是最终的校验码，如果和被10整除时校验码为0。

例如，13位ISBN书号中前12位为978－7－5600－3877，计算校验码如下：

从左至右排出位数：

书号前12位：	9	7	8	7	5	6	0	0	3	8	7	7
位数：	1	2	3	4	5	6	7	8	9	10	11	12

求和：$(9+8+5+0+3+7)\times1+(7+7+6+0+8+7)\times3=137$

求余数：$137=13\times10+7$，得余数为7

求校验码：$10-7=3$，校验码为3

另外，ISBN书号的四组数字是用“－”连接；有可能13位数字后还连接中图分类号。

在国际上，ISBN书号并非强制性规定，出版商可以出版没有书号ISBN的出版物。但在我国，强制性规定公开发行的书籍必须有ISBN书号。在信息时代下ISBN书号作用十分明显，它有利于计算机处理和检索，从出版、发行、订购、统计和分编等不同环节都提供很大方便；同时还有利于图书馆的书籍管理。

日历中的闰年与闰月

我们生活中的日历有阳历和阴历，阳历有闰年，阴历有闰月。为什么都会出现“闰”的情况?

阳历日期整数记法的细微误差

阳历指太阳历，按照地球绕太阳公转一周的时间确定。阳历也就是现行公历，又称格里高利历（简称格里历），也称公元历。

可实际上，地球绕太阳一周的一个回归年并不是整数，一回归年等于365.24220日，也就是365天5小时48分46秒。如果以365天为一年，则与每年实际回归年相差5小时48分46秒，积累4年就会相差23小时15分4秒，误差大约是1天。为了弥补这个误差，人们设定每4年在2月末加一天，全年365天变为366天，同时称此年为闰年。

一个问题被解决，另一个新的问题又出现。每4年加1天的后果是，比实际回归年多了44分56秒。如此4年一闰，到第128年左右，反而阳历日期比实际回归年多算1天，意味着400年阳历中大约多出3天。又为了消除这个误差，阳历需要添加新内容：在400年中要减去多算的3天，同时还要保持阳历日期的整数。因此规定：能用4整除的年份是闰年；但如果年份是100的倍数，必须被400整除才能是闰年。按照新规定，400年内多出的3天误差便会被大部分消除。比如，2000年、2400年都是闰年，但2100年、2200年、2300年不是闰年。如此便巧妙减少了因2月闰月造成的400年内多加的3天。

除此之外，阳历中规定一年12个月，其中1月、3月、5月、7月、8月、10月和12月为大月，每月31天；4月、6月、9月、11月为小月，每月30天；闰年里2月为29天，平年里2月为28天。一年一共365天或366天。阳历也就是公历的整数法纪年，是人为制定的，是人类用数字解决时间的实际应用。

阳历的前身与消失的日子①

最早的阳历来源于古埃及，为了计算尼罗河泛滥周期，利用河水的涨落规律和天狼星的周期位置计算出的日历，又被称为“天狼历”。

随着时间发展，古罗马登上历史舞台，制定了我们今天一直使用的阳历年。但早期古罗马一年 10 个月，每个月为 30 天或 31 天。日期制定和季节存在偏差，为了消除这个问题，古罗马人也像阴历一样添加闰月。

在古罗马，日期的制定与季节偏离严重，并沦为政治的产物。掌管历法的大祭司有决定闰月的权限。如果自己的朋友执政，或者身居高位的官吏给他送礼，大祭司就硬插一个闰月，可以延长任期；如果仇人执政，就减少补充闰月，缩短其任期时间。不仅有时候一年甚至达到 400 多天，而且本该夏天的收获节竟会在冬天举行。

随着儒略·恺撒大帝登基，他决定制定新历，更改古罗马日期的混乱。在公元前 46 年（西汉汉武帝初元三年），恺撒将 1 年平均定为 365.25 天，平年 365 天，每四年一闰的闰年为 366 天，一年有 12 个月。原来含有春分的三月（March），从第一个月份变为第三个月份，原来的 10 月（December）变成第 12 个月份。所以你会发现，今天的英文的 12 月“December”的前缀“Dec”是 10 的意思。恺撒制定的新日历被称为“儒略历”，关于他更改第一个月份还有一个流传，据说是因为罗马大帝即位是在新年，而他登基心切等不了两个月，于是就把新年提前两个月。

儒略历中的七月，也是由凯撒大帝的名字“儒略”而来，即 Julius，英语中为 July。七月是大月，有 31 天。后来，古罗马统治者奥古斯都的名字被用来命名 8 月为 Augustus，在英语中为 August。8 月原来是小月，只有 30 天，为了和凯撒的 7 月一样是 31 天的大月，奥古斯都便从 2 月抽出一天补到 8 月，将 8 月改为 31 天，2 月也从 29 天、30 天分别变成 28 天、29 天，其后面的月份重新排大小月。我们今天日历中的大小月就是在这个时候确

① 唐汉良，舒英发. 历法漫谈［M］. 西安：陕西科学技术出版社，1984：66－89.

定下来的。

由于儒略历中4年一闰，数百年的累积使用下，到1582年罗马教皇格里高利13世时期，日历与地球公转周期相差近10天。为了消除此误差，教皇格里高利把1582年10月4日的下一天改为10月15日，而不是10月5日，日历上被强行消去10天。同时为避免后续再出现类似偏差，还修改置闰法则：能被4整除的年份为闰年，但对世纪年（如1600年、1700年等），只有被400整除才是闰年。经过修改的儒略历被称为格里高利历，也称为格里历。格里历中，一个阳历年的平均长度为365.2425日，更接近于回归年的长度。

20世纪初，随着殖民文化的全球性扩张，格里历逐渐为全世界采用，所以又叫公历，而这种越过几天的事情也经常发生。如，日本引进公历的时候，便将1872年12月2日的第二天改为1873年1月1日。

我国在1912年开始采用公历，不过当时还采用中华民国纪年和皇帝纪年。在中华人民共和国成立后，也就是1949年正式统一采用公历纪年。①

月相变化

（设计者：MattLphotography）

① 朱文哲．西历·国历·公历：近代中国的历法“正名”［J］．史林，2019（6）：127－137.

夏历中的闰月

在我国，与阳历（即公历）并行使用的一种历法是“夏历”。“夏历”是诞生于夏代的纪年法，也由此而得名，它是世界上三大历法（公历、回历、夏历）中历史最悠久、天体定标点最多的历法。

“夏历”被称为“农历”的时间并不长，是1968年元旦以后我国报刊上如此称呼，才有这种叫法①。“夏历”又被称为“阴历”，但“阴历”叫法并不被认可，它是明朝以后民间受穆斯林历法（即回历）的影响后被这样称呼，但实际和穆斯林历法的阴历并不相同。所以，农历被认为正确的叫法应该是“太阴历、中历、华历、皇历、旧历”或者“夏历”。

夏历属于一种阴阳历，有阴历成分，也有阳历成分。

夏历中阴历的算法，以月亮绕地球一周为一月，通过观察月相即月亮盈亏很容易得到，一个月或者29天或者30天，平均一月是29.5天。按照12个月为一年计算，只有354天或355天，与太阳年相差11天。细微的差别随着时间推移就会放大，经历10多年后，就会有冬夏倒置的混乱，不利于指导农业耕作。

为了避免这种混乱，古人设置了19年7闰的方法：3年1闰，5年2闰，这样每19年安插7个闰月的方法协调，从而缩小误差。闰月依然为29天或30天，但闰月的当年为13个月，共计383天或384天。

要如何安排闰月？二十四节气来决定。

科学家根据太阳在黄道（即地球绕太阳公转的轨道）上的位置，找到对应的不同节气。节气反映季节变化的特征，是太阳直射点的周年运动，是阳历的体现。一年共二十四个节气，上半月的是节历，下半月的是中气，把节历和中气合称为“节气”。一个月应该有一个节历、一个中气，即一个月有两个节气。夏历中如果出现阴历与阳历的差距有半个月（这个数字非

---

① 应振华．关于阴阳历及春节日期界定的研究［J］．陕西师大学报（自然科学版），1995（12）：68－70.

常准确，因为节气之间只差 15.2 天)，那么这月就会只有一个节历，而没有中气，所以这个月就要闰，需要补足这个月的气。闰年中以闰四月、闰五月、闰六月最多，闰九月、闰十月较少，闰十一月、闰十二月和闰正月在几千年内没有出现过。

二十四节气是在黄河流域建立起来的，远在春秋时期，已经出现代表四季的节气：仲春、仲夏、仲秋和仲冬。随后，秦汉年间完全确立了二十四节气，慢慢确定了它的历法地位。一直到今天，夏历仍然是我们必须的纪年法，我们许多节日是按照夏历制定的，如春节、清明、端午和中秋节等。

我们的老祖宗是如此聪明，利用整数将一年的时间表示出来，又利用了闰月缩小与实际时间中产生的误差小数。夏历是我们传统文化的瑰宝。

下面给出二十四节气歌：

春雨惊春清谷天，夏满芒夏暑相连，

秋处露秋寒霜降，冬雪雪冬小大寒。

每月两天日期定，最多相差一两天，

上半年来六廿一，下半年是八廿三。

其中，节历为“立春、惊蛰、清明、立夏、芒种、小暑、立秋、白露、寒露、立冬、大雪、小寒”；中气为“雨水、春分、谷雨、小满、夏至、大暑、处暑、秋分、霜降、小雪、冬至、大寒”。

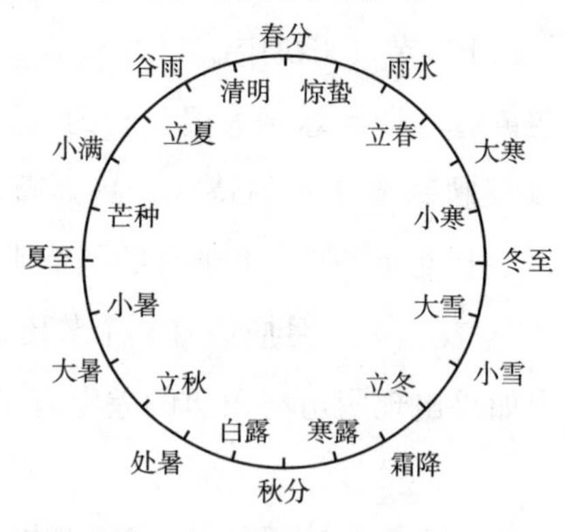

二十四节气在黄道上的位置

数字入诗别样美[1]

古人写诗，经常用数字表达一种意境；或者用数字代表一种隐喻。无论哪一种，都会让人细细品味，久久遐想不已。

其一：

山村咏怀

（宋）邵康节

一去二三里，烟村四五家。

亭台六七座，八九十枝花。

其二：

卓文君与司马相如的爱情被视为千古绝唱。不过两人的感情也经历过挫折，但最后相濡以沫，陪伴到老。

相传，司马相如到长安任职，时隔五年，对卓文君的爱未能经受住时间的考验，已有休妻之念，便写了封家书托人带回。信中内容为："一二三四五六七八九十百千万万千百十九八七六五四三二一。"卓文君智慧过人，看到来信就明白丈夫的意思，悲伤之情无以言表。她知道，数字中独独没有"亿"字，表明丈夫对她"无意"，只是没有言明。悲伤之余，卓文君当即复信，托来人带回，复书内容即为《怨郎诗》：

一别之后，两地相悬，只说是三四月，又谁知是五六年。七弦琴无心弹，八行书不可传，九连环从中折断，十里长亭望眼欲穿。百般怨，千般念，万般无奈把郎怨。

万语千言道不尽，百无聊赖十倚栏。重九登高看孤雁，八月中秋月圆人不圆。七月半，烧香秉烛问苍天。六月伏暑，人人摇扇我心寒。五月榴花如火偏遇阵阵冷雨浇花端。四月枇杷黄，我欲对镜心意乱。

---

① 本小节资料来源：易南轩，王芝平．多元视角下的数学文化［M］．北京：科学出版社，2007：282－287。

三月桃花随流水，二月风筝线儿断。噫！郎呀郎，巴不得下一世你为女来我为男。

在信里，卓文君从一写到万，再从万写到一，字字真情涌现，又心有悲愤。司马相如看后，既深感惭愧，又被妻子的深情打动，终于亲自回乡，用驷马高车把妻子卓文君接到长安。

其三：

清朝皇帝乾隆经常出词谜考考大家，不仅活跃气氛，还能看看大臣们的学问。

乾隆曾摆过一场“千叟宴”，是历史上最著名的宫廷盛宴，据记载赴宴者近4000人。其中，有一老人年龄最大，已有141岁。乾隆即兴出了一上联：

花甲重逢，又加三七岁月。

其中，花甲为60岁，两个便为120岁，再加上三七二十一岁，恰恰是141岁。

纪晓岚听到，灵机一动，便对出了下联：

古稀双庆，更多一度春秋。

刚好和乾隆的上联相呼应，也是141岁：古稀为70岁，两个是140岁，再加一年，便是141岁。

其四：

纪晓岚博学多才，知识渊博。乾隆经常出些题目考考他。曾经，乾隆还出过一个十分有趣的字谜：

下珠帘焚香去卜卦，
问苍天，侬的人儿落在谁家？
恨王郎全无一点真心话，
欲罢不能去，
吾把口来压！
论文字交情不差，
染成皂难讲一句清白话。

分明一对好鸳鸯却被刀割下，

抛得奴力尽手又乏。

细思量口与心俱是假。

乾隆得意洋洋地问纪晓岚：“纪爱卿，你可知道这个词谜的谜底是什么?”纪晓岚沉思片刻答道：“圣上才高千古，令人敬佩！这表面上是一首女子绝情诗，实际上各句都隐藏着一个数字。”原来谜底是：一二三四五六七八九十。解法是：

“下”去“卜”是一；

“天”不见“人”是二；

“王”无“一”是三；

“罢”去了“去”是四；

“吾”去了“口”是五；

“交”不要“差”是六；(叉谐音，指“×”)

“皂”去了“白”是七；

“分”去了“刀”是八；

“抛”去了“力”和“手”是九；

“思”去了“口”和“心”是十。

中西方的吉祥数与不吉祥数

中西方文化的差异也体现在数字上，有些数字在西方是吉祥数，可在东方却让人深深避讳。我们看看哪些数字代表了东西方文化差异?

13：西方人忌讳的数字；在东方人眼里，它就是一个普通的数字。在西方，背叛耶稣的犹大是最后晚餐中第 13 位客人，所以流传下来 13 意味着背叛和不幸。尤其是如果某一天既是 13 号，又是星期五，便称为“黑色星期五”。黑色星期五还被用来命名电脑病毒。在西方，人们会千方百计地避免 13，例如，你找不到 13 号楼，但能找到 12A 号楼；剧院里找不到 13 排和 13 座，等等。

7：在中西方，它都是十分有意义的一个数字。在西方，7为神的数字，是幸运数，有“Lucky 7（幸运7）”的说法。777更是吉中之吉，幸运老虎机设777为中奖号码就能说明这一点。在我国的传统文化里，7代表着阴阳与五行（金、木、水、火、土）之和。

4：在我国，4与“死”发音相似，被人们所不喜欢或视为不吉祥。有些地方也会避免使用4，如有的医院没有设4楼，虽然实际还是4楼，但写成5楼，从心理学角度能给病人一些安慰吧。在西方，4就是一个普通数字。

8：在汉字发音中，8与“发财”的“发”音相近，因此8备受青睐，被视为吉祥数字。人们喜欢自己的号码中拥有这个数字，希望带来好运。但在西方，这个数字并没有特别出色的地方。

666：在我国，6代表顺利。在西方，圣经《启示录》中说666是“野兽数”、邪恶的数字。如同我们会不用楼层4一样，西方没有房间号666，会设成房间号665A，然后接下去房间号667。

还有许多数字都体现出东西方文化的不同，例如5和9等。如果有兴趣，你不妨找找看它们在中西方文化中有什么不同。

党史中的数字“密码”

百年征程，风雨同舟，砥砺奋进。中国共产党领导的百年奋斗历程，带来了中华民族的振兴、中国经济的腾飞。让我们一起在百年党史中找寻发展力量，看数字背后的“密码”！

数字1

一个梦想：习近平在十二届全国人大一次会议上指出，实现中华民族伟大复兴的中国梦，就是要实现国家富强、民族振兴、人民幸福。[1]

一个中心、两个基本点：一个中心即“以经济建设为中心”，两个基本

---

① 改革开放简史［M］. 北京：人民出版社，中国社会科学出版社，2021：215.

点即“坚持四项基本原则，坚持改革开放”。以经济建设为中心，坚持两个基本点，是党在社会主义初级阶段的基本路线的主要内容。[①]

数字 2

“两个一百年”奋斗目标：中国共产党第十八次全国代表大会提出，在中国共产党成立一百年时全面建成小康社会，在新中国成立一百年时建成富强民主文明和谐美丽的社会主义现代化强国。[②]

“两个阶段”战略：综合分析国际国内形势和我国发展条件，从 2020 年到本世纪中叶可以分为两个阶段来安排。第一个阶段，从 2020 年到 2035 年，在全面建成小康社会的基础上，再奋斗 15 年，基本实现社会主义现代化。第二个阶段，从 2035 年到本世纪中叶，在基本实现现代化的基础上，再奋斗 15 年，把我国建成富强民主文明和谐美丽的社会主义现代化强国。[③]

数字 3

党的三大作风：理论联系实际的作风，和人民群众紧密联系在一起的作风，批评与自我批评的作风。[④]

三严三实：既严以修身、严以用权、严以律己，又谋事要实、创业要实、做人要实[⑤]。

数字 4

四项基本原则：坚持社会主义道路、坚持人民民主专政、坚持中国共产党的领导、坚持马克思列宁主义毛泽东思想这四项基本原则，是我们的

---

① 十三大以来重要文献选编（上）[M]. 北京：中央文献出版社，2011：13－14.

② 改革开放简史 [M]. 北京：人民出版社，中国社会科学出版社，2021：212.

③ 改革开放简史 [M]. 北京：人民出版社，中国社会科学出版社，2021：228.

④ 建党以来重要文献选编（1921—1949）第二十二册 [M]. 北京：中央文献出版社，2011：188.

⑤ 十八大以来重要文献选编（中）[M]. 北京：中央文献出版社，2016：473.

立国之本[①]。

四个全面：2014 年 12 月，习近平在江苏调研时首次提出，协调推进全面建成小康社会、全面深化改革、全面依法治国、全面从严治党[②]。

四个意识：政治意识、大局意识、核心意识、看齐意识[③]。

四个自信：道路自信、理论自信、制度自信、文化自信[④]。

数字 5

五位一体：中国共产党第十八次全国代表大会提出，建设中国特色社会主义，总依据是社会主义初级阶段，总布局是社会主义经济建设、政治建设、文化建设、社会建设、生态文明建设“五位一体”[⑤]。

五大发展理念：创新、协调、绿色、开放、共享[⑥]。

数字 6

党的“六大纪律”：政治纪律、组织纪律、廉洁纪律、群众纪律、工作纪律、生活纪律。[⑦]

数字 7

七大战略：全面建成小康社会的七大战略是科教兴国战略、人才强国战略、创新驱动发展战略、乡村振兴战略、区域协调发展战略、可持续发展战略、军民融合发展战略。[⑧]

七种能力：政治能力、调查研究能力、科学决策能力、改革攻坚能力、

---

① 中国共产党第二十次全国代表大会文件汇编 [M]. 北京：人民出版社，2022：76.
② 改革开放简史 [M]. 北京：人民出版社，中国社会科学出版社，2021：220.
③ 十九大以来重要文献选编（上）[M]. 北京：中央文献出版社，2019：5.
④ 中国共产党第二十次全国代表大会文件汇编 [M]. 北京：人民出版社，2022：73.
⑤ 改革开放简史 [M]. 北京：人民出版社，中国社会科学出版社，2021：212.
⑥ 中国共产党第二十次全国代表大会文件汇编 [M]. 北京：人民出版社，2022：75.
⑦ 中国共产党第二十次全国代表大会文件汇编 [M]. 北京：人民出版社，2022：102.
⑧ 十九大以来重要文献选编（上）[M]. 北京：中央文献出版社，2019：19－20.

应急处突能力、群众工作能力、抓落实能力。[1]

数字 8

八项本领：学习本领、政治领导本领、改革创新本领、科学发展本领、依法执政本领、群众工作本领、狠抓落实本领、驾驭风险本领。[2]

数字 28

28 年：从 1921 年中国共产党成立到 1949 年新中国成立，历经 28 年。[3]

28 岁：1921 年 7 月，中国共产党在浙江嘉兴南湖红船上诞生，中国共产党第一次全国代表大会召开，[4] 与会代表平均年龄只有 28 岁。[5] 当年，毛泽东同志也正好 28 岁。[6]

数字 56

56 个民族：我国是一个由 56 个民族组成的统一的多民族国家，《中华人民共和国宪法》规定各民族一律平等。各民族不论人口多少，居住地域大小，经济发展程度如何，语言文字和宗教信仰、风俗习惯是否相同，社会地位一律平等，享受相同的权利，承担相同的义务。

---

① 年轻干部要提高解决实际问题能力 想干事能干事干成事［EB/OL］. http：//jhsjk. people. cn/article/31887361.

② 十九大以来重要文献选编（上）［M］. 北京：中央文献出版社，2019：48.

③ 中国共产党简史［M］. 北京：人民出版社，中共党史出版社，2021：13 – 14，145.

④ 中国共产党简史［M］. 北京：人民出版社，中共党史出版社，2021：13 – 15.

⑤ 光影谱写百年征程［EB/OL］. http：//cpc. people. com. cn/n1/2021/0706/c64387 – 32149729. html.

⑥ 于无声处听惊雷——中共一大百年回望［EB/OL］. https：//www. gov. cn/xinwen/2021 – 06/15/content_5618255. htm.

第六章

0与1带来不同进制

伴随着人类文明，数字一直有着自身发展的历程。在劳动与思考中，人们形成不同的计数方法，如二进制、十进制、六十进制等，这些是人民智慧的结晶，反映不同地区的需求和发展差异。

1946年春天，第一台计算机ENIAC在公众面前亮相。此后，人类进入计算机和网络时代，短短几十年内，人们的生活发生了翻天覆地的变化。而带来这个变化的恰恰是0与1组成的二进制世界。

无论是二进制、十进制，还是六十进制等，它们之间有什么关系？

道家思想与二进制

道家思想、莱布尼茨与二进制

“有无相生，难易相成，长短相形，高下相倾，音声相和，前后相随。恒也。”（《道德经》）

《道德经》中阐述了道家思想：天地间的万事万物一阴一阳、相生相克。生活中也处处包含着这个道理，如白天太阳晚上月亮，日月交替，昼夜分明；人类之男女，男为阳，女为阴，一阴一阳得以生生不息、繁衍不断，动物雌雄亦是此道理；还有一柔一刚，一高一低，一长一短，一前一后，一有一无，一善一恶，一美一丑……皆为阴阳体现。

道家认为，正是一阴一阳，一有一无，才有了天地万物，“无名天地之始，有名万物之母”（《道德经》）。“太极生两仪，两仪生四象”，伏羲的《易经》中也阐述了此观点。《易经》中讲述："易有太极，是生两仪，两仪生四象，四象生八卦。""太极"即天地未分之前、混沌之初，一种类似"无"的状态。道家对"有无""阴阳"思想的另一个重要体现是太极图。

到17世纪的时候，体现道家思想的《易经》及八卦开始传到西方，引起西方传道士和科学家的兴趣，其中就有德国哲学家、数学家莱布尼茨（Leibniz，1646—1716）。莱布尼茨先发表论文《二进制算术》，提出并讨论了二进制，建立其运算规律和表示方式；后又发表文章《二进制算术的解说》，副标题为"关于0和1两个符号的二进制算术的说明"，并论述其用途以及据此解释伏羲所用数字的意义①。两篇文章中，莱布尼茨阐述"一切数都是由0和1创造出来"，正是体现从"无"到"有"。而且，莱布尼茨创造的0～63的二进制数与《易经》六十四卦完全相符。

如何对应0～63的二进制数与六十四卦？

《易经》八卦中的阴爻"--"表示为"0"，阳爻"—"表示为"1"，按此规定八卦、六十四卦便对应为二进制数。八卦分别为坤、艮、坎、巽、震、离、兑、乾，对应二进制即为000、001、010、011、100、101、110、111，对应十进制数为0、1、2、3、4、5、6、7。

为什么二进制选择从"0"开始表示为0与1，而不是从其他数字开始？

道家思想为"从太极到两仪"，以及"道生一，一生二，二生三，三生万物"，体现从"无"到"有"。用0正是"无"的体现。

"《易》图是流传于宇宙间的科学中之最古的纪念物。"莱布尼茨曾在一封信中写道。他将这古老文化赋予一种新的诠释——用二进制数字表示，使得《周易》与科技取得联系，因为我们使用的计算机正是基于二进制原理。

---

① 孙小礼．关于莱布尼茨的一个误传与他对中国易图的解释和猜想［J］．自然辩证法通讯，1999（2）：52－59.

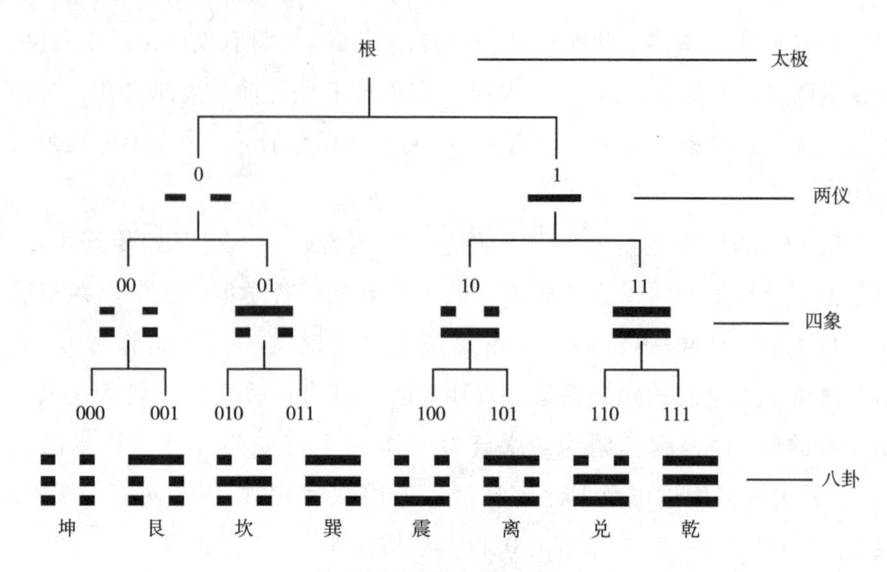

二叉树形式的八卦生成

资料来源：易南轩，王芝平．多元视角下的数学文化［M］．北京：科学出版社，2007：129。

1697 年，莱布尼茨制作的一枚“造化之物”的二进制纪念章

刻有拉丁文“从虚无创造万物，用一就够了”

资料来源：易南轩，王芝平．多元视角下的数学文化［M］．北京：科学出版社，2007：131。

二进制算法

20 世纪计算机的发明与应用，被称作第三次科技革命的重要标志，计算机正是采用“二进制”的运算模式。

在计算机运行中，不论是信息、指令还是状态都是用二进制表示，只有 0 与 1 参与存储与运算。只有 0 与 1 的世界，实现了计算机的高性能计算、信息的电子存储，带来互联网的高速信息时代。

应该说，二进制是最简单的运算。首先，只有两个数字 0 和 1；其次，它的基数为 2，进位规则是“逢二进一”，借位规则是“借一当二”。

（1）二进制转化为十进制。

如同十进制一样，$123 = 1 \times 10^2 + 2 \times 10 + 3 = 1 \times 10^2 + 2 \times 10 + 3 \times 10^0$ 中体现个位、十位、百位，二进制数也是采用位置计数法，其位权是 2 为底的幂。具体情况如下：

二进制数　$\cdots\ a_2\ \ a_1\ \ a_0 . a_{-1}\ \ a_{-2}\ \ a_{-3}\cdots$

位权　　　$\cdots\ 2^2\ \ 2^1\ \ 2^0 . 2^{-1}\ \ 2^{-2}\ \ 2^{-3}\cdots$

其中，a_i 为 0 或者 1（i 为任意整数）。

二进制数转换为十进制数之间的公式为：

$$(a)_2 = \left(\sum_{i=-m}^{n-1} a_i \cdot 2^i\right)_{10}$$

其中，下标 2 和 10 分别代表二进制和十进制，n 为二进制数据中的整数部分的位数，m 为小数部分的位数，a_i 为 0 或者 1。

【例 1】 将二进制数 $a = 1011$ 转化成十进制数。

解： $a = 1\quad 0\quad 1\quad 1$

位权为 2^3，2^2，2^1，2^0

所以十进制数为 $1 \times 2^3 + 0 \times 2^2 + 1 \times 2^1 + 1 \times 2^0 = 11$

即 $(a)_2 = (1011)_2 = (11)_{10}$

【例 2】 将二进制数据 $a = 1101.101$ 转化成十进制数。

解： $a = 1\quad 1\quad 0\quad 1.\quad 1\quad 0\quad 1$

位权为 2^3，2^2，2^1，2^0. 2^{-1}，2^{-2}，2^{-3}

所以十进制数为

$1\times2^3+1\times2^2+0\times2^1+1\times2^0+1\times2^{-1}+0\times2^{-2}+1\times2^{-3}$

$=13.625$

即 $(a)_2=(1101.101)_2=(13.625)_{10}$

（2）十进制转化为二进制。

当我们在屏幕上输入内容，不论是数字还是文字，最终都是转化成 0 与 1 的二进制形式，然后才能运算和存储等。

以数字为例来看，十进制数转化为二进制数，就是计算机处理的实际形式。需要注意，十进制数要分成两部分考虑分别转化为二进制，一部分是整数部分的“除 2 取余”，另一部分是小数部分的“乘 2 取整”。

【例 3】 将十进制数 28 转化为计算机识别的二进制数。

解： 将数字不断除以 2，取余数，通过乘法来表示除法的效果，

$28=2\times14+0$　　商数为 14，余数为 0

$14=2\times7+0$　　商数为 7，余数为 0

$7=2\times3+1$　　商数为 3，余数为 1

$3=2\times1+1$　　商数为 1，余数为 1

$1=2\times0+1$　　商数为 0，余数为 1

直至商数为 0 时，将获得的余数从最后开始倒着排列，即得到二进制数，

故

$(28)_{10}=(11100)_2$

【例 4】 将十进制数字 27.375 转化为电脑识别的二进制数。

解：（1）首先考虑整数部分 27，通过“除 2 取余”。

$27=2\times13+1$　　商数为 13，余数为 1

$13=2\times6+1$　　商数为 6，余数为 1

$6=2\times3+0$　　商数为 3，余数为 0

$3=2\times1+1$　　商数为 1，余数为 1

$1 = 2 \times 0 + 1$　　商数为0，余数为1

从最后开始倒着排列余数，得整数部分的二进制数为11011。

(2) 其次考虑小数部分，通过“乘2取整”。

$0.375 \times 2 = 0.75$　取整数部分0

$(0.75 - 0) \times 2 = 1.5$　取整数部分为1

$(1.5 - 1) \times 2 = 1$　取整数部分为1

从前往后排列得到011，即小数部分的二进制。

将整数部分与小数部分的二进制结果合起来，得到最终的二进制数

$$(27.375)_{10} = (11011.011)_2$$

“屈指可数”十进制

十进制被广泛使用，应该是水到渠成的事，大自然已经赋予我们最直接的十进制计算工具，那就是人类所拥有的十个手指。

十进制是我国劳动人民创造的一项杰出成就，早在《卜辞》中就有相关记载，据说商代时人们就会使用“一、二、三、四、五、六、七、八、九、十、百、千、万”这13个字，能记载的最大数字为3万。如今，十进制成为全世界通用的计算方法。著名科学家李约瑟（J. Needham，1900—1995）曾说过：“如果没有这种十进制，就几乎不可能出现我们现在这个统一化的世界了。”①

中国传统文化中，我们记录数字用的一直是汉字形式“一、二、三、四、五、六、七、八、九、十、百、千、万、亿”。西方历史发展中，印度人发明的数字被认可且盛行，但被误认为是阿拉伯人发明的而称为阿拉伯数字，也就是我们使用的1、2、3等。阿拉伯数字于13~14世纪传到我国。1892年，邹立文和狄考文合译的数学教材《笔算数学》中正式采用了阿拉伯数字。19世纪末到20世纪初，伴随着我国对西方数学和技术的引进吸

① 李约瑟. 中国科学技术史［M］. 北京：科学出版社，1990.

收，阿拉伯数字才在我国真正被接受并广泛使用。[①] 算起来，十进制的阿拉伯数字“0，1，2，3，4，…”，在我国推广使用才仅仅一百多年的历史。

古装情景喜剧《武林外传》中有一集“辛普森的聘礼单”，其中就提到阿拉伯计数与我国计数的不同。辛普森解释他写的数字“10000”：“这是阿拉伯数字，这是一，这是零，后面2个零是一百，3个零就是一千，4个零也就是一万，依此类推。”郭芙蓉一语道出区别：“哎呀，那多麻烦，直接写‘一万’不就得了嘛。”辛普森很自负地答道：“Sorry，这是国际上最流行的一个计算方法。”辛普森列出礼单作为聘礼，希望迎娶祝无双，最后达不成目的反而诈骗无双，要求归还不存在的聘礼。郭芙蓉一干人等愤愤不平，关键时刻秀才一展才智，想到阿拉伯数字的破绽“小数点”问题，便在礼单上的数字添加小数点，整数变分数。辛普森敲诈不成，灰溜溜地走掉了。

上面故事生动、形象和有趣，并表明我国最初的十进制计数法与阿拉伯数字计数的不同。同时，为了避免像剧情中阿拉伯数字的涂改问题，国家规定在一些情形中，既要求写阿拉伯数字，又要求写中文的大写数字形式。

分类	表示形式											
阿拉伯数字	1	2	3	4	5	6	7	8	9	0			
中文	一	二	三	四	五	六	七	八	九	零	十	百	千
中文大写	壹	贰	叁	肆	伍	陆	柒	捌	玖	零	拾	佰	仟

除上表中的数字以外，中文还有更大的数字表示形式，如万、亿、兆、京、垓、秭、穰、沟、涧、正、载、极，它们的中文大写数字形式保持不变。

我国还有许多十进制应用的体现。例如：算盘中的十进制；三字经中“一而十，十而百，百而千”；文字计序符号和历法中使用的“十天干”，即“甲、乙、丙、丁、戊、已、庚、辛、壬、癸”。

---

① 严敦杰．阿拉伯数码字传到中国来的历史［J］．数学通报，1957（10）：1－4.

在我国，不仅有成语“屈指可数”，聪明的劳动人民还发明了简单的手势代表数字 1 ~ 10。当然因地域文化差异，有些数字在不同地区的表示方法会略有不同。

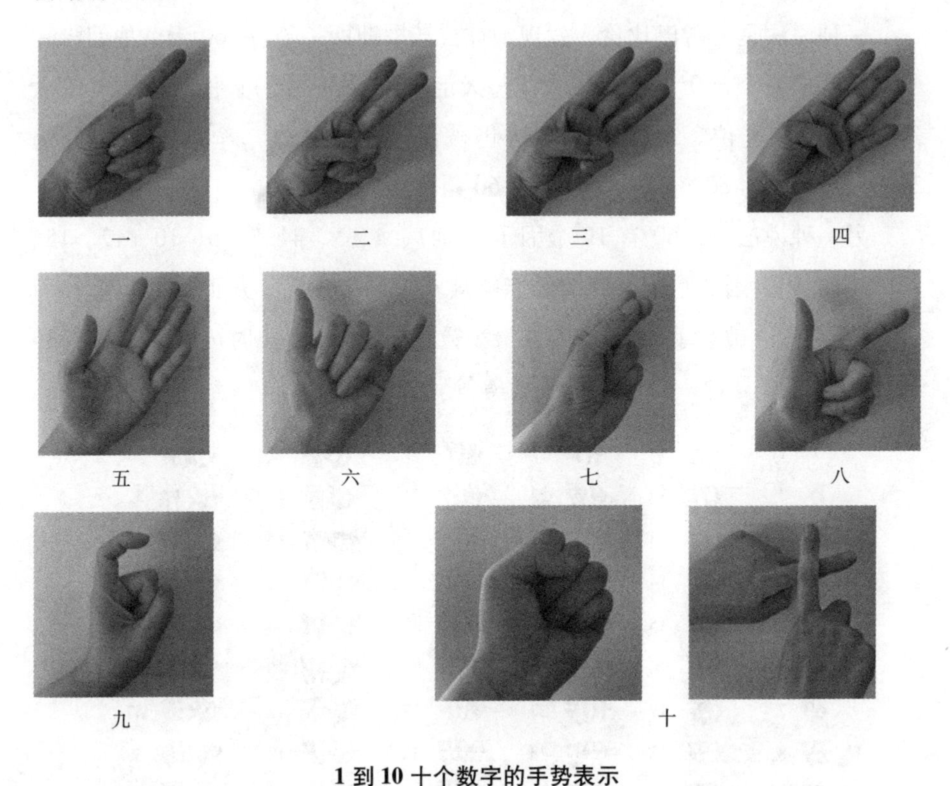

1 到 10 十个数字的手势表示

时间的六十进制

钟表的六十进制

十进制是以十为基数进行进位，“逢十进一”；六十进制是以六十为基数的进位制，“逢六十进一”。如今，我们使用的时间正是采用六十进制，60 秒为 1 分钟，60 分钟为 1 小时。

六十进制，据说源于公元前 3000 ~ 公元前 2000 年的苏美人，后被古巴比伦人掌握和发扬光大，流传到今天依然用作记录时间、角度和地理坐标等。

古巴比伦人为什么采用六十进制？

一种说法是，古巴比伦人发现地球公转周期即一年有360天，他们将一年时间看成一个360°的圆圈，太阳每天走一步（即一度）；他们还把360°六等分得出60进位。现在这种方法仍被沿用，依然是一个圆形被均分为360°，每一度为60角分，一角分有60角秒。

另一种说法是，60有12个因子，即1、2、3、4、5、6、10、12、15、20、30和60，因此六十进制的数能够被较多的数整除，从而简化运算；而且60还是能够被数字1～6整除的最小数字。比如，1小时可以分成2个30分钟、3个20分钟、4个15分钟，等等。

1	11	21	31	41	51
2	12	22	32	42	52
3	13	23	33	43	53
4	14	24	34	44	54
5	15	25	35	45	55
6	16	26	36	46	56
7	17	27	37	47	57
8	18	28	38	48	58
9	19	29	39	49	59
10	20	30	40	50	

古巴比伦的数字（1～59）

资料来源：董晓丽．巴比伦数学研究［M］．大连：辽宁师范大学出版社，2020：9。

六十甲子与天干地支

在我国传统的天干地支用法中，也采用六十进制法，称为“六十甲子”。这是中华民族古老的发明之一，可用来纪年、纪月、纪日、纪时。如果纪年，60年为一周期；如果纪月，一年12个月，则5年为一周期；如果纪日，是60天为一周期；如果纪时，我国古代一天十二时辰，则5天60个时辰为一周期，正是“五日一候”。

天干地支产生于炎黄时代，简称“干支”，采用立春作为一年的开始纪年。以干支用来纪年萌芽于西汉，后通行于东汉后期，且被朝廷下令全国推行。历史上，黄巾起义口号“岁在甲子，天下大吉”“甲午战争”“辛亥革命”等都是用天干地支纪年。

何为天干？何为地支？如何形成六十甲子？

天干有十个，被称为“十天干”，即甲、乙、丙、丁、戊、己、庚、辛、壬、癸。地支有十二个，被称为“十二地支”，有子、丑、寅、卯、辰、巳、午、未、申、酉、戌、亥。十天干和十二地支依次相配排列，组成六十个基本单位，被称为“六十甲子”，或“六十花甲子”，或“一甲子”。六十甲子用来作年、月、日、时的序号，叫“天干地支纪年法”，简称为“干支纪法”或“天支纪法”。六十甲子以这60个搭配为单位，被循环使用。

我国习惯称呼六十岁为“花甲”，也称六十岁以上的人为“花甲老人”“花甲之年”。“花甲”即“花甲子”的简称，其叫法正是由“天干地支”而来，正所谓“三十而立，四十不惑，五十知天命，六十花甲，七十古来稀，八十耄耋”。另外，成语“丁是丁，卯是卯”也源于“天干地支”；还有与之相关的老话“山中一甲子，世上已千年”，富含哲理，引人深思。由此可见，我国千百年传统文化受天干地支的影响很大。

干支纪年可以与现在通用的公历年进行换算。我们规定天干的甲、乙、丙、……、壬、癸为1，2，…，8，9，10（或0），规定地支子、丑、……、戌、亥为1，…，11，12（或0）。用已知公历年份计算干支纪年：如果公元后年份，则记为正数。因为公元4年为甲子年，所以将公历年份减去3，然后除以10，得到的余数对应天干；年份减去3，然后除以12，得到的余数对应地支。例如，公历2022年的干支纪法：

$2022-3=2019$；

$2019=201\times10+9$，即2019除以10后，余数为9，对应天干为“壬”；

$2019=168\times12+3$，即2019除以12后，余数为3，对应地支为“寅”；

因此 2022 年是“壬寅”年，查一下日历结果准确无误。

公元前的纪年数字，则表示为负数。同时因为没有公元 0 年，在计算转换为干支纪法之前，公元前年份的负数按原先方法减少 3 时还再加 1，实际就是需要先减去 2，得到的结果除以 10 的余数对应天干，同样得到的结果除以 12 的余数对应地支。如果余数为负，则需要分别对应加 10（加 12）转为正余数，然后对应天干（地支）。例如，公元前 221 年的干支纪法：

$-221-2=-223$；

$-223=-23\times10+7$　余数为 7，对应天干为“庚”；

$-223=-19\times12+5$　余数为 5，对应天干为“辰”；

因此公元前 221 年是“庚辰”年，这一年秦始皇统一六国。

公历纪年与天干地支纪年的转换方法可以概括为口诀：

公元前后数正负，减三除十看余数。

正余天干零为十，负余加十为干序。

地支减三十二除，正余为序零为亥。

地支负余加十二，公元前年一再加。

天干地支表

天干	甲	乙	丙	丁	戊	己	庚	辛	壬	癸		
地支	子	丑	寅	卯	辰	巳	午	未	申	酉	戌	亥
生肖	鼠	牛	虎	兔	龙	蛇	马	羊	猴	鸡	狗	猪
时辰	23－1	1－3	3－5	5－7	7－9	9－11	11－13	13－15	15－17	17－19	19－21	21－23
六十甲子	1 甲子 2 乙丑 3 丙寅 4 丁卯 5 戊辰 6 己巳 7 庚午 8 辛未 9 壬申 10 癸酉 11 甲戌 12 乙亥 13 丙子 14 丁丑 15 戊寅 16 己卯 17 庚辰 18 辛巳 19 壬午 20 癸未 21 甲申 22 乙酉 23 丙戌 24 丁亥 25 戊子 26 己丑 27 庚寅 28 辛卯 29 壬辰 30 癸巳 31 甲午 32 乙未 33 丙申 34 丁酉 35 戊戌 36 己亥 37 庚子 38 辛丑 39 壬寅 40 癸卯 41 甲辰 42 乙巳 43 丙午 44 丁未 45 戊申 46 己酉 47 庚戌 48 辛亥 49 壬子 50 癸丑 51 甲寅 52 乙卯 53 丙辰 54 丁巳 55 戊午 56 己未 57 庚申 58 辛酉 59 壬戌 60 癸亥												

古代计时工具“日晷”
（拍摄人：偏老师）

中国算盘里的不同进制法

中国是算盘的故乡，其使用历史久远，据考察早在汉代就已经出现，并且有与古代四大发明相提并论之美誉。北宋佳作《清明上河图》中，赵太丞家药铺柜就画有一架算盘。一晃眼，中国人的几根手指头噼里啪啦就算了上千年，用的就是这几颗算盘珠子。

我国传统算盘，呈长方形，四周木条为框；珠子内有轴心，俗称“档”；档被一根横梁断开，上端有两个珠子，下端有五个珠子。运算时拨动珠子，就是我们常说的“珠算”。珠算配有口诀，便于记忆，运算简便。虽然现在有了计算器，但用算盘计算加减乘除时，速度并不亚于用计算器。

算盘上端的珠子，一个珠子代表数量五；下端的珠子，一个珠子代表数量一。算盘运算中含有“二进制、五进制、十进制”。运算时，拨动珠子靠近中间横梁，如果下珠子达到五个时，用一个上珠子代替，五个下珠子复原即清零，这个过程体现“五进制法”。当上珠达到两个时，则需在此珠串的进一位珠串中拨动一颗下珠子，替代两个上珠子的数量，并将两个上珠子还原。这个过程中，从珠子的个数来看，两个上珠子换取一个下珠子，即逢二进一的“二进制法”；从珠子的数量来看，两个上珠子数量为十，获得一个下珠子代表一，即是“逢十进一”的“十进制法”。

如果算盘的上端两珠，每个代表数量六；下端五珠，每个代表数量一，此时算盘可转化为“十六进制”。我国千百年来，中药的度量衡一直使用的是十六进制。在中药上，十六进制有着不可多得的好处，拿回家的药可以不用称便很容易两两分开。另外，成语“半斤八两”也正是从十六进制而来，一斤是十六两，半斤是八两。如今，计算机上除二进制外，还有被应用的就是十六进制。

过去，算盘普及程度十分广泛，但凡涉及计算都离不开算盘。以前的生意人，打一手好算盘是立业之本，买卖人求职的必要条件之一，另外一个必要条件是写一手好毛笔字。就连中国研制第一颗原子弹时，算盘还曾作为辅助工具，帮助核对数据正确性。今天，我们看着算盘高手，珠子噼啪作响，手指上下齐飞，速度之快，准确性之高，那是一种精神上的享受。

算盘除了被用来算数，还被赋予许多寓意。比如“金算盘”“铁算盘”，形容“算进不算出”的精明人；比如古代小孩子挂在脖子上的小算盘，象征富贵吉祥。算盘还常常被用来寓意招财进宝，装饰在各个物件上，比如清代文物“戒指算盘”。如今我们依然能各处找到算盘的踪影，点缀着我们的生活。

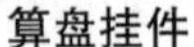
算盘挂件

戒指算盘

生活中其他众多进制法

十二进制。一年有 12 个月；一打为 12 个；一英尺为 12 英寸；地支为十二；钟表上的 12 个单位刻度等。

二十进制。玛雅文化中，人们曾使用二十进制；一盒香烟为 20 根；英文中，“score”一词除表示“分数”外，还有“群”的意思，一“群”代表 20 个。

十进制的钟表。如今有人在研究将钟表的 12 个单位刻度变成 10 个，转化成 10 进制。其实早在法国革命时期，就曾用过十进制的钟表。当时，每个月为 3 周，每周 10 天，工作 9 天休息 1 天；每天分为 10 个小时，每个小时为 100 分钟，每分钟为 100 秒。虽然初衷很好，统一不同进制为十进制，但最终未能获得民众支持，没过多久该方案便被废弃了。

十进制的钟表

第七章

运筹帷幄，决胜千里

“运筹”一词出自《史记》：夫运筹策帷幄之中，决胜于千里之外。其意思为制定策略、谋划。数学中“运筹学”就借用此词，不仅是因为其所表示的意思，更说明在我国古代军事上早有此思想。

但按现代学科来看，运筹学作为一门学科的时间并不长，第二次世界大战期间在美英两国发展起来。什么是运筹学？运筹学是实行管理的领域，运用数学方法，对需要进行管理的问题统筹规划，作出决策的一门应用科学。比如，利用概率统计、数理分析等分析人力、财力和物力的调度问题，期望发挥最大效益。

随着科学技术的提升和生产的发展，你会发现运筹学渗入各个领域，发挥其功效，并形成许多不同分支，如数学规划（包含线性规划、非线性规划、整数规划、组合规划等）、图论、网络流、决策分析、排队论、库存论、博弈论、搜索论和模拟等。

给地图上色的“四色问题”

生活中为了区分一些事情，我们需要使用不同颜色，比如足球比赛中双方球队穿不同颜色的球衣，地图中相邻板块希望用不同颜色区分。那么，在地图上为了让相邻区域都能涂上不同颜色，至少需要几种颜色？

1852 年，曾就读于伦敦大学的格思里（Francis Guthrie，1833—1866）在一家科研单位上班，从事地图着色工作，他发现一个有趣的现象：“如果在地图上用互相不同的颜色给相邻的区域着色，英国地图用 4 种颜色就可以了。如果地图变得复杂，是不是只要 4 种颜色就可以了呢?”格思里决定用数学方法进行证明，但没有得到结果。于是，他写信请教老师著名数学家德·摩尔根（Augustus De Morgan，1806—1871）教授，期待老师能解决这个地图着色问题，但摩尔根也没有找到解决途径。于是，摩尔根又写信给自己的好友、著名数学家汉密尔顿（Hamilton，1805—1865）请教该问题。汉密尔顿接到信后开展研究，但可惜的是直到他去世，也未能获得证明。

很快十几年过去了，但地图着色问题一直被搁置未决。直到 1872 年，英国著名数学家凯利（Arthur Cayley，1821—1895）将这个问题提交到英国数学学会和皇家地理学会，地图着色问题才迅速传遍世界数学界。数学家们纷纷参加解答求证，结果均是折戟而归。地图着色问题也成为世界近代三大难题之一，被命名为“四色问题”或“四色猜想”。它的内容完整表述为：“任何一个地图只用四种颜色，就能使具有共同边界的国家着上不同的颜色。”①

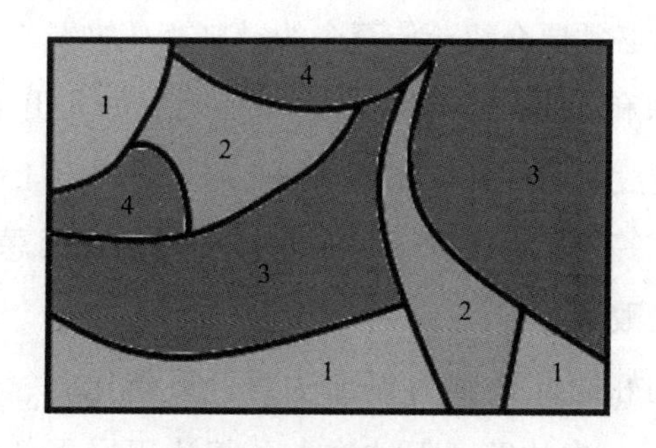

用四种颜色着色的地图

数学家们孜孜不倦地求解答案，但是每一次看似成功，却又被发现漏洞，需要获得新验证。比如英国一位数学家将问题证明发表在美国数学论文集上，他因为该论文成功入选英国学术委员，还被王室授予爵位，但是十年后人们指出这篇论文中有原则性的错误。

最终，四色问题并不是用数学推理完成，而是通过计算机程序实现证

① 易南轩，王芝平．多元视角下的数学文化［M］．北京：科学出版社，2007：194－195.

明。1976 年，美国伊利诺伊大学使用电脑分析，花费约 1200 个小时，终于得出结论：用不同颜色涂抹相邻区域，只要四种颜色就可以实现。此消息一公布，轰动了整个数学界。①

貌似 150 多年的争论告一段落，但也有人质疑计算机运行的程序是否存在漏洞，计算机的证明真的严谨吗？不管怎样，看似手工很简单的着色问题，却在证明过程中带来如此大的困难，不得不说凡事不可只看表面。

实际上，有些国家的简单地图，并不需要 4 种不同颜色，只需要 3 种不同颜色就可以将相邻区域区分开，比如韩国地图。而我们国家的地图，则需要 4 种不同颜色才可以实现相邻区域不同颜色的着色。聪明的你，能完成这项工作吗？

筹划安排的经典故事“田忌赛马”

讲到运筹，就必须要介绍流传至今的经典赛马故事“田忌赛马”。

齐国大将田忌和齐王约定赛马。赛马规则：每人出上等、中等、下等共 3 匹马，三局两胜制。一开始比赛，两人将上等马对上等马、中等马对中等马、下等马对下等马。由于齐王每个等级的马都比田忌的马稍微强一些，所以三场田忌都失败了。

后来，田忌的好朋友孙膑为他出主意，重新比赛，他一定赢。于是，田忌和齐王又进行一次比赛。但这次，孙膑让田忌重新安排出马的顺序。第一局，孙膑以下等马对齐王的上等马，田忌输了；第二局，孙膑用上等马对齐王的中等马，田忌扳回一局；第三局，孙膑用中等马对齐王的下等马，又战胜一局。这次比赛结果，田忌两胜而赢了齐王。

同样的马，经过筹划、调整，重新安排马的出场顺序，就取得反败为胜的效果。这是著名的“运筹帷幄”的故事。

---

① 邓硕，王献芬．四色定理获证历程及对图论的影响［J］．科技视界，2016（9）：125－126.

烤肉片里的时间学问

我们身边许多事情经过协调安排，会出现不一样的效果。比如，下面这件关于烤肉的时间规划问题。

有一个烧烤架，每次只能烤两串肉，每串肉需要烤两面，而烤好一面需要时间 10 分钟。需要多长时间烤完三串肉呢？假设三个肉串分别为 A、B、C。

方案一：第一次烤 A1、B1 面，需要花费 10 分钟；烤好后接着烤 A2、B2 面，同样需要 10 分钟；最后烤 C 的两面，花费 20 分钟。方案一完成烤肉一共需要花费 40 分钟。

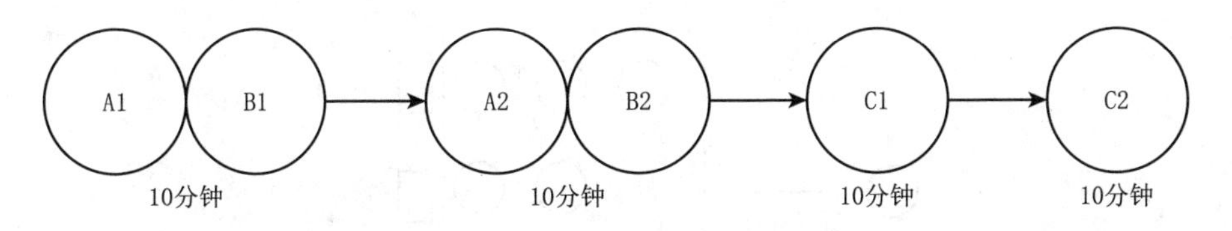

方案一

方案二：第一次烤 A1、B1 面，需要花费 10 分钟；接着烤 A2、C1 面，需要花费 10 分钟，此时 A 肉串烤好；最后剩下 B2、C2 面一起烤，烤好需要 10 分钟。方案二完成烤肉一共需要时间 30 分钟。

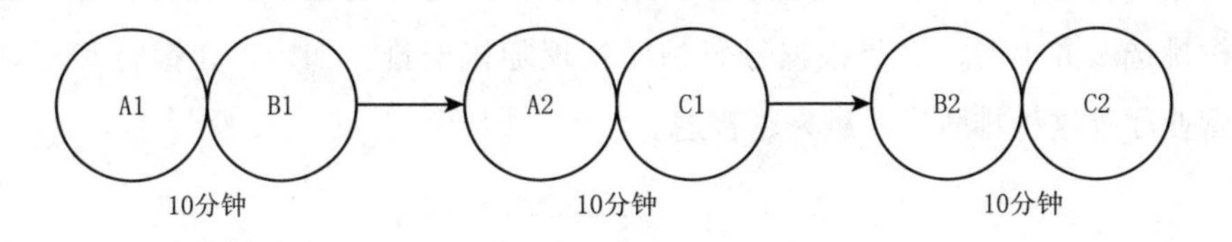

方案二

无须多说，方案二更有效。烤肉片的时间安排问题，是运筹学的一个重要内容。正如人们常说的“时间就像海绵里的水，只要愿挤，总还是有的”，在运筹学里我们看到“时间就像搭积木一样，不同的方法就会有不同的效果”。烤肉片问题提示我们要学会安排好时间，这将是我们人生的一大财富。

讲究秩序的排队

到超市购物，买好东西到收银台付款，每个收银台都有人在排队，我们需要挑选一个队伍等待付钱。可经常让人纠结的是，明明觉得挑选的队伍会很快，结果却中途速度慢下来，需要延长等待时间，而没有挑选的队伍却变得快起来。其实，生活中排队问题也是一门学问，成为一门新兴学科“排队论”，专门研究不同情况下的排队模型，以达到统一、有效的运筹管理。

生活中常见的排队情况有下面两种：

第一种情况，如上面提到的超市付款情况，人们各自挑选队伍进行等待，是生活中常见的排队现象之一。

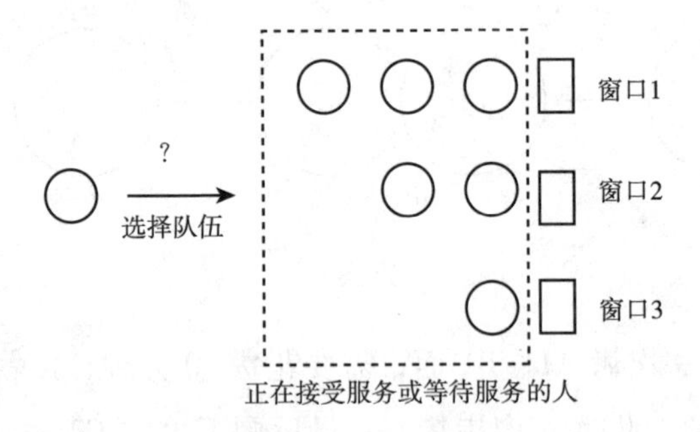

第二种情况，我们现在去许多银行办理业务时，会从叫号系统中获得一个排队号码，然后根据顺序排到某个柜台。这种情况下，人们没有主动权挑选服务柜台，而是根据号码顺序实现随机安排。如今，在银行和移动营业厅等这种排队形式越来越普遍。

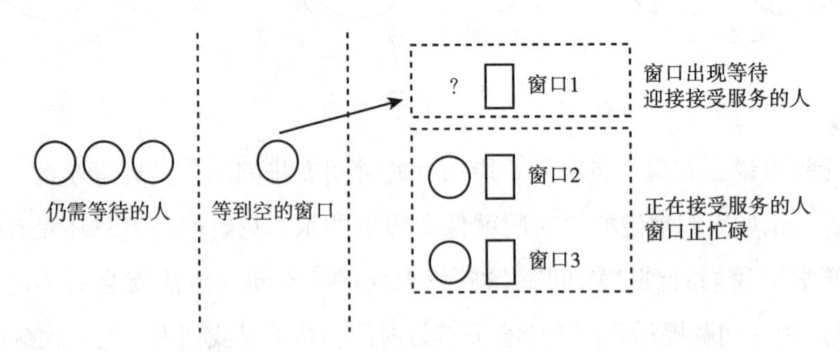

排队现象有的以有形形式出现，如收银台付款、上下班等公交车等，这种排队被称为有形排队；有的则呈现无形形式，如售票处的咨询电话，当其中一位顾客正在通话中时，其他顾客就无法打进来，不得不等待再拨，等待的顾客有可能分散在各个不同地方，从而形成一个无形队列，这种排队被称为无形排队。网络打印中等待打印也是无形排队，有人正使用打印机打印的时候，其他人的打印任务只能排队等待。

对于排队问题，常见影响排队效果的指标有等待时间、队伍长度、服务台的忙期。评价一个排队系统的好坏需要从顾客和服务机构两方面考虑。就顾客而言，希望等待时间越短越好，希望服务窗口的个数尽可能多。但对于服务机构，如果增加服务窗口，就需要增加成本与投资；但如果服务窗口过少，容易引起等待顾客的抱怨而流失顾客量。对于服务机构来说，服务窗口的个数多少才能比较合理，需要好好衡量。

例如，每逢过节，尤其是春节期间大年三十，人们发信息拜年，一瞬间大量的信息容易造成网络交通拥挤，出现推迟收到信息的现象，甚至可能出现信息丢失。对于这种类似的网络问题，常常需要考虑服务器数量的多少。

起源于20世纪初电话通信问题的排队论，在经历第二次世界大战后，成了一个重要研究方向，被广泛应用于服务系统等领域，如通信系统、交通系统、计算机、生产管理系统等。运用排队知识，促进实现客观系统更加有效的运行管理，创造更好的经济效益和社会效益。

多种选择机会下的博弈

美国电影《美丽心灵》以真实人物为背景，讲述美国数学家约翰·纳什（John Nash，1928—2015）在数学殿堂里追求真谛，虽然备受精神分裂症折磨，但凭借顽强意志创新博弈理论，凭借该理论获得诺贝尔经济学奖。而《美丽心灵》电影也因精彩呈现获得奥斯卡金像奖。

纳什提出的博弈理论观点，以他的名字被命名为“纳什均衡”，或者被称为“非合作博弈均衡”。纳什均衡对人的基本假定是：人是理性的或者说是自私的。理性的人，是指在选择具体策略时总是以自己的利益最大化为目的。博弈论研究的正是理性的人之间如何进行策略选择。

经典故事“囚徒的困境”

为了更好地说明非合作博弈及其均衡解的成立，有研究者编制了一个关于博弈论的经典故事“囚徒的困境”。虽然故事中困境只是模型，但现实中价格竞争、环境保护等许多方面都会出现类似情况。

故事内容为：有一天，警察逮捕了甲、乙两名嫌疑犯，虽然警察知道他们两人有罪，但没有足够的证据指控二人入罪。于是，警方把他们两个关在不同的屋子里分别接受审讯。警察分别和两人见面，并给双方相同的选择：

如果一人认罪并作证指控对方（相关术语成“背叛”对方），而对方保持沉默，则此人将即时获释，沉默者将被判 10 年刑；

如果两人都保持沉默（相关术语称互相“合作”），则二人同判 1 年刑；

如果两人都互相检举（相关术语称互相“背叛”），则二人同判 8 年刑。

用表格表示为：

选择项	甲沉默	甲背叛
乙沉默	二人同服刑 1 年	乙服刑 10 年，甲即时获释
乙背叛	甲服刑 10 年，乙即时获释放	二人同服刑 8 年

在这种两难的境地中，两名嫌疑犯会如何选择？究竟是沉默还是背叛？显然最好的策略是双方都保持沉默，结果是两人都只会获得 1 年刑罚。但由于两名嫌疑犯被隔离，无法串供，也无法知道对方的选择，即使他们有机会交谈，还是未必能全信对方所说。按照经济学家亚当·斯密的理论，每个人都是从利己的角度出发，背叛对方、坦白交代是最佳策略。

试想处于困境中两名囚徒所面临的情况：如果背叛可以马上释放，但前提是对方沉默，显然比自己沉默坐 10 年牢要好。这种策略是损人不利己的行为。不仅如此，招供背叛还有更多有利于自己的好处。如果对方招供背叛而自己沉默，那么自己就得坐10年牢。

因此，面对这种情况，两人的理性思考都会选择同样结论——选择招供背叛对方。这场博弈中，双方参与者都选择背叛对方，同样服刑8年，就是达到纳什均衡。

囚徒困境代表的纳什均衡告诉我们，合作是有利的“利己策略”。而人类这种“利己”的个人理性有时可能会导致集体的非理性，即聪明的人类会因为自己的聪明而作茧自缚，如同两名罪犯都获刑8年而丧失只服刑1年的机会。

经典案例“智猪博弈”

在经济学中，另一个经典博弈案例是“智猪博弈”。这个案例和我们常说的“一个和尚挑水喝，两个和尚抬水喝，三个和尚没水喝”有异曲同工之妙。

“智猪博弈”案例是：猪圈里有两头猪，一头大猪，一头小猪。猪圈里一边有个踏板，每踩一下踏板，在另一边的投食口会掉下一定量食物。如果一头猪去踩踏板，另外一头猪就有机会抢先吃到落下的食物。但是，如果小猪去踩，大猪会抢先吃光落下的食物，小猪赶到时已经没有食物；如果大猪去踩，小猪只会抢先吃掉一半，大猪还能赶到吃另一半残羹。

为了获取食物，两头猪各自会采取什么样的策略？很明显，小猪将选择“搭便车”策略，舒舒服服地等在食槽边，大猪只能无奈地奔波于踏板和食槽之间。

两头猪为什么选择如此的策略？

因为小猪去踩踏板得不到食物，做无用功，但不踩踏板反而能吃上食物，所以小猪不踩踏板反而是好的选择。再看大猪，已经知道小猪选择不踩踏板，自己不踩就没有食物，自己踩踏板还有食物可吃，所以大猪踩踏板总比不踩好。

“智猪博弈”寓意：竞争中的弱者（小猪）可以选择等待作为最佳策

略。在生活中，我们一方面要学会“搭便车”，做到顺势而上。但另一方面，小猪不去踩踏板的“搭便车”现象，会造成社会资源没有达到有效配置，这往往是许多规则设计者所不愿看见的现象，所以会出现改变规则的情况。如上面案例中将投食口就放在踏板附近，这样一来，大猪小猪都会拼命踩踏板获得食物。但如果规则改变不合理，如踩踏板一次投食口的食物减少一半分量，则不论谁去踩，都只会为对方作贡献，最终谁也没动力去踩踏板；同样如果踩踏板一次得到食物量为原来的一倍，结果不论谁去踩，都有机会满足自己的温饱问题，处于这样相对富裕的社会，竞争意识就会变弱。对于企业而言，一方面在与外界的攻守中，既不要一味想着做“大猪”，也不要做那沾沾自喜“搭便车”的“小猪”，而是要合理安排资源做一只有智慧的“智猪”。另一方面在企业内部，如果奖励制度是大锅饭一碗端，则很多努力的人就会没有动力，所以企业的奖励应有直接性和针对性，消除“搭便车”现象，实现有效的奖励。

案例“智猪博弈”不仅是小猪与大猪间的博弈，同时还是管理者制定规则指标等各方面的博弈。

扑克牌里的博弈和文化

无论是打扑克、玩麻将，还是下棋，人们都希望能猜到对方下一步或后面几步的走法，同时决定自己走哪一步。还有生活中石头、剪刀、布的游戏，猜测对方会出哪个，自己要出哪个才会赢。这些都是游戏中的博弈。

虽然大家经常玩这些游戏，却不一定知道它们的由来或含义，就连一副小小的扑克牌里也包含着许多的数学知识和内涵。

扑克牌一共有 54 张牌，两张大小王，四种花色，每一花色有 13 张牌，依次为 A（第一点）、2、…、10、J（代表武士）、Q（代表王后）、K（代表国王）。

54 张牌中，大王代表太阳，小王代表月亮，剩余 52 张牌代表一年的 52 个星期。牌中的四个花色为红桃、方片、梅花、黑桃，分别代表春、夏、秋、冬。每种花色又有 13 张牌，正好代表每个季度基本上有 13 个星期。如果把 J、Q、K 当作 11、12、13 点，同一花色的 13 张牌的点数相加是 91，符合每一季度 91 天。再将大王、小王各看作半点，所有的点数之和恰是 365 天，如果闰年把大王、小王各算为 1 点，共 366 点，即闰年的 366 天。另外，扑克牌中的 J、Q、K 共有 12 张，代表一年的 12 个月，还表示太阳在一年内经历 12 个星期。[①] 其实上述解释并非捏造，扑克的设计和发明本身就与天文、占卜、历法等有千丝万缕的联系，所以一副扑克牌居然是一部历法。

扑克牌的四种花色也各有寓意。黑桃代表橄榄叶，表示和平；心形的红桃，代表智慧；黑色三叶的梅花，源于三叶草，代表幸福；方块是钻石，意味财富。不论哪种图案，都代表了人们美好的愿望。不过，关于这些图案的解释并不唯一，不同国家各有自己的理解。

传统扑克牌中的画像均为历史人物。比如，红桃 K 上的国王是建立查理曼帝国的查理大帝，扑克牌中唯一不留胡子的国王；方块 K 是凯撒大帝；梅花 K 是亚历山大大帝，他横跨欧、亚、非的辽阔土地，建立起强大的亚历山大帝国；黑桃 Q 上的人物是雅典娜，希腊智慧和战争女神，在 4 位皇后中，唯有她手持武器；还有红桃 Q 的朱尔斯；等等。这些人物设计逐步统一，并被各国所接受，一直流传至今。

中国国粹麻将的文化渊源

麻将是中国独有的游戏，基于打法简单，容易上手，又变化较多，容易带来乐趣，而被大众所接受。麻将中也有博弈的体现。

关于麻将的由来，众说纷纭，有好几个版本，其中一个与“郑和下西洋”有关。[②]

明朝郑和下西洋的时候，海洋上长途旅行，单调乏味，容易引起士兵的怠倦，于是为了稳定军心，郑和发明了这个娱乐工具。

---

① 王玮．无处不在的数学［M］．广州：世界图书出版公司，2009：19.

② 陈益．麻将起源与昆山叶子戏［J］．江苏地方志，2023（1）：44－45.

在纸牌、牙牌、牌九等基础上，郑和将100多块小木片作为牌子，然后根据舰队编制，刻了“一条”到“九条”；根据船上装淡水桶的数量，分别有了“一桶”到“九桶”；又根据风向，刻出“东、西、南、北”风；由口号“大中华耀兵异域”，刻出红色的“中”；还根据一年四季刻出四个花牌；剩下最后一张牌，不知道刻什么东西，就成为“白板”，不刻任何东西。

第一次玩的时候，郑和与几个将领先研究着玩，慢慢地确定了游戏规则后，全船人都开始玩这个游戏。据说，当时船上有一位将军，特别擅长玩此游戏，于是郑和就用他的姓“麻”命名游戏为“麻大将军牌”，也就是我们今天的“麻将”。

如今，麻将也慢慢走出国门，被国际上所接受。比如，2011年举办了首届北美麻将冠军联赛，当时有200多名选手参加，争夺2500美元的冠军大奖及“加冕”权。看博弈中谁与争锋！

一笔画与“哥尼斯堡七桥问题”

位于俄罗斯的加里宁格勒，在18世纪时被称为哥尼斯堡。在哥尼斯堡的一个公园里，有七座桥横跨在普雷格尔河上，将四座小岛连接起来。当地人们散步于此的时候，总会特别感兴趣：能不能找到一条路，散步时不重复地走这七座桥。

1736年，瑞士数学家欧拉研究并解决了这个问题，证明哥尼斯堡的七桥不重复走是不可能的①。欧拉还将这一类情况归为“一笔画”问题：笔尖不离开纸面，一笔画出给定图形，不允许重复任何一条线，这样的图形简称为“一笔画”。

如何知道是否能“一笔画”？

欧拉给出如下结论：如果一个图形是连通的，且奇数点（通过此点弧的条数是奇数）的个数为0或2，则可以不重复走遍所有边。这个结论是

---

① 程钊．图论中若干著名问题的历史注记［J］．数学的实践与认识，2009（12）：73－81.

“一笔画”的充要条件。通过此结论，我们再来看看七桥问题，其中点 A、B、C、D 连接的弧的个数分别是 5、3、3、3，都为奇数，超过欧拉结论中奇数点只能是 2 个或没有，所以不重复走是不可能的。

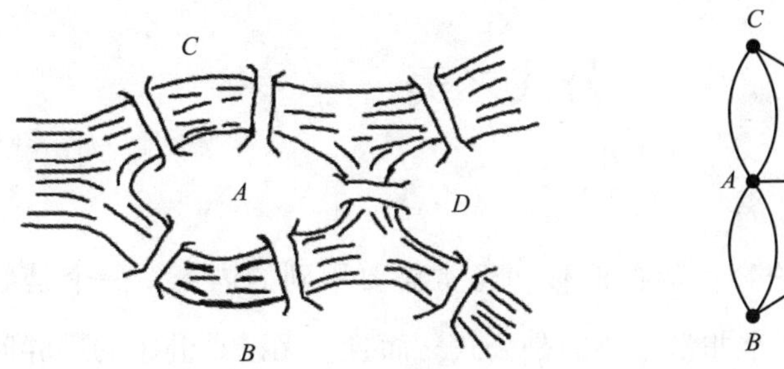

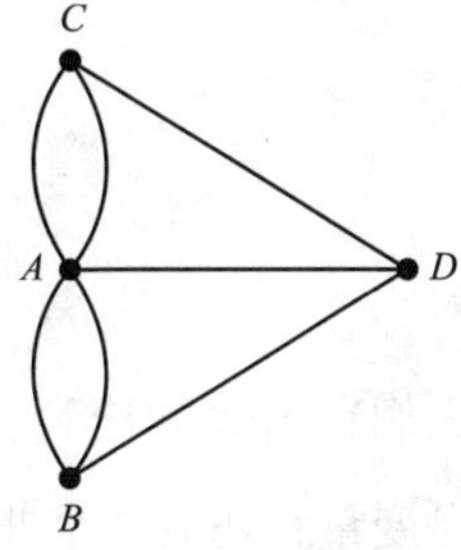

哥尼斯堡的七桥问题

如今，七桥问题开创了数学的新分支图论和几何拓扑，欧拉也被认定为是图论学科的创始人。无数科学家走入图论的世界，带来众多科研成果，仅仅不到三百年的历史就带来图论强大与兴盛。图论也被广泛应用于现代科学技术中，网络设计、密码学、信息科学、心理学、生物遗传学、经济学等众多领域中都会发现图论的踪迹。

第八章

公式之美

人们在用数学诠释世界的时候，经常需要用到的内容，一个是数字，一个是变量，还有一个非常重要的是公式。而且，无论是健康的肥胖问题，还是亘古不变的爱情，都能找到数学家们创造的公式。且不论这些公式的精确度有多高，以及能解决多少问题，它们为我们开了一扇不同的门，展示着不同的思维模式，带来不同的经历与体验。

“环肥燕瘦”的胖与瘦

“环肥燕瘦”，“环”是唐玄宗贵妃杨玉环，“燕”是汉成帝皇后赵飞燕。杨玉环的丰腴，赵飞燕的消瘦，是两种不同类型的美人，到了今天，按照现在的标准，又会是什么结果？

今天，我们衡量人体胖瘦的一个常用标准是体重指数，或被称为肥胖指数，简写为BMI指数（body mass index），由世界卫生组织（WHO）颁布，各个国家根据国情调整数据。BMI指数的计算方法是，用体重 w（千克）除以身高 h（米）的平方得到。即：

$$\text{BMI 指数} = \frac{w}{h^2}$$

BMI指数主要是用来分析和指导人们的健康问题，所以又称它为身体质量指数。因西方与东方人的体质差异，其衡量健康的标准也呈现不同。下面是WHO提供的西方成年人和亚洲成年人的BMI标准。

成年人 BMI 的 WHO 标准　　　　单位：千克/平方米

健康状况	西方	亚洲
体重过轻	<18.5	<18.5
正常体重	18.5～24.9	18.5～22.9
超重	≥25	>23
肥胖前期	23～29.9	23～24.9
Ⅰ度肥胖	30～34.9	25～29.9
Ⅱ度肥胖	35～39.9	≥30
Ⅲ度肥胖	≥40	

资料来源：李洋，傅华．肥胖的重新定义和处理［J］．上海预防医学杂志，2001（4）：161－162。

根据我们国家实际情况，国家卫生健康委员会制定了我国成年人 BMI 标准：<18.5 千克/平方米为体重过轻，18.5～23.9 千克/平方米为正常体重，24～27.9 千克/平方米为超重，≥28 千克/平方米为肥胖。①

身体质量指数 BMI，可以引导人们关注自己的健康问题。研究表明，BMI 指数超过正常范围时，人们患某些疾病的概率增大，容易患与肥胖相关的疾病。

不过，BMI 也有自身不足的地方，它并没有考虑脂肪比例，所以一个人 BMI 指数超标，也许实际上并非肥胖。比如，一个练健美的人，虽然他的 BMI 指数超过 30 千克/平方米，但因为体重中肌肉占有比例大，脂肪占有比例小，所以也不需要减少体重。另外，一个人去健身房锻炼身体，一般会做脂肪比例测试，如果脂肪占有比例大则容易减重，肌肉占有比例大则相对较难减重。

BMI 可以作为参考，用来衡量体重问题。但如果一位成人想详细了解自己的肥胖问题，还需要知道自己的腰臀围比、体脂肪比等。

根据 BMI 指标，我们现在来看看杨贵妃是胖是瘦？据传，唐朝第一美人杨贵妃，身高 1.64 米，体重 69 千克；也有说，身高 1.55 米，体重 60 千克。无论哪组数据来算，按照我国 BMI 标准，杨贵妃都是“超重”级别，

① 石汉平．营养筛查与评估［M］．北京：人民卫生出版社，2021：3.

看来杨贵妃是“丰腴”，还达不到“肥胖”级别。

另外一位，体态轻盈，身轻如燕，传说能作掌上舞的赵飞燕，她的肥胖指标又能如何？是不是真如描述的消瘦，因没有具体数据就无从知道了。

时代变迁，以胖为美的唐朝，以骨感著称的今天，人们对美的标准不断发生着变化。即使包括杨玉环在内的古代四大美人，是否依然能是今天的美人？她们的BMI指标又会如何？但不论美的标准如何，健康却是更重要的问题。

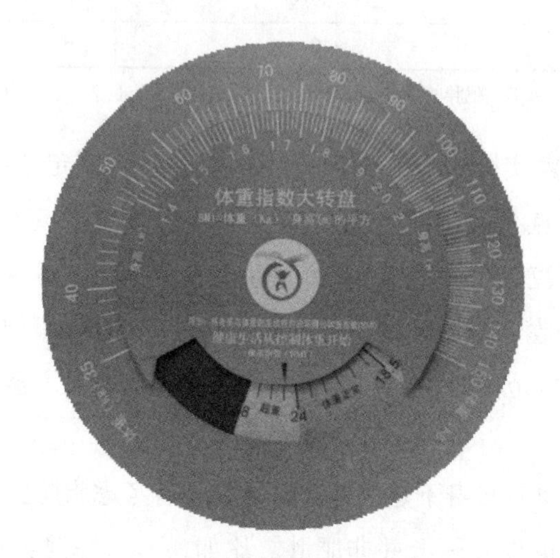

BMI体重指数健康转盘

（拍摄人：qusen06）

自身感受冷暖的体感温度

生活中经常会有这样的疑问：明明天气预报的温度挺高，为什么我们还是感觉不热？之所以出现差异，预报温度与我们自身实际感受的冷暖程度不一致，原因在于预报中的气温仅仅是空气的冷暖程度，只能作为一种参考，不能代表人体对环境的冷暖感受。

如今，美国国家海洋与大气管理局（NOAA）所属的国家气象台（NWS）定义了“风寒指数”和“酷热指数”，两者合称为“体感温度”，反映人体对温度的感知情况。

风寒指数

在冬天，当我们感觉到冷的时候，实际获得的皮肤表面的温度，并不是感受到的气温。因此，在相同温度下，有风和没有风效果会完全不一样。有凉风的时候，我们皮肤感知的温度会降低，会觉得更冷。所以冬季有风的时候，我们对冷的感觉更强烈，风也被称为“寒风”。这种情况下，风速会对人体的温度感知产生影响，它们两者之间的关系被称为“风寒效应”。反映风寒效应的是“风寒指数”（wind chill index，WCI），代表人类对低温和风的一种感觉程度，即人体体感温度，主要在冬天使用。

风寒指数的计算公式为

$$WCI = 13.12 + 0.6215T - 11.37V_{10m}^{0.16} + 0.3965TV_{10m}^{0.16}$$

式中：WCI——风寒指数（摄氏度）；

T——空气温度（摄氏度）；

V_{10m}——10 米处的风速（千米/小时）。

该公式考虑了温度和风速两个因素，可以算出不同温度和风速下的风寒指数。根据研究，不同数据对应冻伤风险不同等级，分类为低风险、存在风险、高风险、非常高风险和极高风险。处于存在风险区时，暴露的皮肤在 10～30 分钟内冻结；处于高风险区时，暴露的皮肤在 5～10 分钟内冻结；处于非常高风险区时，暴露的皮肤在 2～5 分钟内冻结；处于极高风险区时，暴露的皮肤在 2 分钟内冻结。[①] 例如空气温度 $T = -4℃$，风速为 47 千米/小时，计算得到风寒指数 $WCI = -13.35℃$，此时人体体感温度明显低于空气温度，正处于冻伤风险中的低风险区。

事实上，如今风寒指数应用非常广泛。风寒指数不仅是一种非常有用的气候评估指数，用于预测天气变化带来的影响，例如，预测低温天气对

① 史东林，杨贤罡．运动员的冷环境暴露：风险因素、症状和应对策略［J］．北京体育大学学报，2021（12）：147－155.

人们的健康影响，助力冬季奥运会运动员做好防护和恢复；它还被用来评估各不同地区的气候舒适度，为人们选择旅游目的地、居住地提供参考和帮助。

气温（℃）	风速（千米/小时）							
	10	20	30	40	50	60	70	80
0	-3	-5	-6	-7	-8	-9	-9	-10
-5	-9	-12	-13	-14	-15	-16	-16	-17
-10	-15	-18	-20	-21	-22	-23	-23	-24
-15	-21	-24	-26	-27	-29	-30	-30	-31
-20	-27	-30	-33	-34	-35	-36	-37	-38
-25	-33	-37	-39	-41	-42	-43	-44	-45
-30	-39	-43	-45	-48	-49	-50	-51	-52
-35	-45	-49	-52	-54	-56	-57	-58	-60
-40	-51	-56	-59	-61	-63	-64	-65	-72
-45	-57	-62	-65	-68	-69	-71	-72	-74

→ 低风险
→ 存在风险
→ 高风险
→ 非常高风险
→ 极高风险

风寒指数对应的风冻效应

酷热指数

在夏季，我们用“酷热指数”来反映持续酷热和潮湿所带来的危险（heat index，HI）。酷热指数，也称为热指数，代表着高温和潮湿的环境下人感受到的真正温度。当湿度增加时，影响人体皮肤散热，人们会感觉黏糊糊的，感受到的温度也会超过实际温度，就会有“闷热”的感觉，也容易中暑。

酷热指数可以用以下公式进行计算：

$$HI = c_1 + c_2 T + c_3 R + c_4 TR + c_5 T^2 + c_6 R^2 + c_7 T^2 R + c_8 T R^2 + c_9 T^2 R^2$$

式中：HI——酷热指数（华氏度）；

T——气温的温度（华氏度）；

R——相对湿度（百分比）；

c_1，c_2，…，c_9——固定常数。

此公式需要用华氏度计算，而且在 80 华氏度（即 26. 66℃）以上、相对湿度为 40% 以上才有效。

我们有这样的经验，南方梅雨天时，温度并没有明显变化，但湿度增大，所以人们感觉闷热；同样，相同温度下，在北方会比在南方感觉清爽凉快，这些都是湿度引起的，可以用酷热指数衡量。

还有一个典型的例子可以说明酷热指数效果。比较美国新奥尔良（路易斯安那州）和贝克斯菲尔德（加利福尼亚州）的气候。在夏天的时候，新奥尔良日间温度低，但湿度非常大，这个城市的酷热指数非常高。相对来看，贝克斯菲尔德日间温度通常比新奥尔良高，但湿度低，所以它的酷热指数反而偏低，感觉上不如新奥尔良热。

但事实上，不同的人对于温度的反应是不一样的，酷热指数只能作为一个参考，帮助人们找到自己对天气的认知标准。2010 年上海世博会就有“热指数预报”，一直到世博会闭幕前，都会有“多国语言”通报热指数信息，帮助游客解读上海天气的“热情”。

“风寒指数”和“酷热指数”，可以帮助人们认识到自己的体感温度。比如，对于一些户外运动爱好者来说，在夏天的时候，要清楚如何根据湿度和阳光照射情况，对气象局预报的气温向上修正，要多喝水；在冬天的时候，要明白如何根据风力和海拔高度，将气象局预报的温度向下修正，尽量保持干燥保暖状态。

温湿度计

湿度指数

有一些国家经常用湿度指数代替酷热指数。我们在生活中接触较多的也是湿度指数，现在还可以在商店购买有专门的湿度计，观察湿度效果。

湿度指数的计算，需要知道干球温度（一般温度）和湿球温度（浸泡在蒸馏水纱布中的温度），然后根据以下公式计算：

$$D = 40.6 + 0.72(a + b)$$

式中：D——湿度指数；

a——干球温度，即一般温度；

b——湿球温度。

人们感受最舒适的湿度是40%～70%。当湿度大于80%时，人体会感觉闷热，尤其夏天温度高时还容易引发中暑。当然，每个人对湿度的敏感度并不同，是否舒适最终根据自己的情况决定。

追寻爱之爱情公式

爱情公式之一

人们追求爱情、寻觅自己终身伴侣时，怎样才能恋爱成功，获得他或她的芳心？当我们将生活中事物量化时，你有想过爱情也能被计算出来，帮助寻找自己的另一半吗？

英国科学家就设计了一个公式——“爱情公式”，将感情进行数理化的数学公式，实现复杂感情也能公式化。这些科学家就是爱丁堡大学数学家阿·菲利普、心理学家大卫·路易斯和人际关系专家福力克·艾弗瑞。

最初，爱情公式被用在英国一档热门电视相亲节目，帮助人们判断“爱情的走向”，是能走向幸福的婚姻，还是分道扬镳。通过公式计算，人们可以获得一个成功概率。该公式表示为：

$$爱情=\frac{\frac{1}{2}(F+Ch+P)+\frac{3}{10}(C+I)}{2(5-SI)+2}$$

式中：F——自己对对方的好感；

Ch——对方魅力；

P——自己看到对方时兴奋程度；

C——自己的信心；

I——亲密程度；

SI——自我形象。

如何利用公式计算？按照从1～10的级别程度，分别为自己各个情况打分，代入公式就可以求得一个分数。

最后，用计算的分数看一下结果。如果分数为8～10分，代表测试者可以和对象展开一段浪漫爱情；分数为5～6分，代表两人感觉温馨，但结果不明；分数为4～5分，代表感情冷淡；低于4分，代表这段感情不会开花结果。

爱情公式是一个好的想法，可以帮助并指导人们在爱情中作出抉择，但这仅仅是帮助和指导。因为我们都知道，爱情是一个复杂的东西，包括生理和心理许许多多因素，有时候爱情也不是一个人的事情，或许还要涉及各方家庭问题。但需要提醒，如果你想用这个公式，可千万不能当面拿出计算器计算成功率，否则后果可想而知，对方一定会逃得远远的。

爱情公式之二

据说，伟大的科学家爱因斯坦在研究之余，也曾用公式表示人与人之间的爱情。他写的爱情公式为：

$$\text{Love}=2\square+2\triangle+2\text{V}+8<$$

式中：□——两个人相遇，开始恋爱；

△——两人的恋爱已经到稳定的程度（△三角形稳定）；

V——价值观（value）的缩写，两个V表示两人价值观达到一致；

<——稳定的经济基础。

关于公式还有不同的解释，有人说□代表信任，△代表亲情、友情、爱情缺一不可，不能因为爱情抛弃友情和亲情，否则感情容易出现裂痕。不管如何解释，这个公式都展示了另一种爱情的演绎。

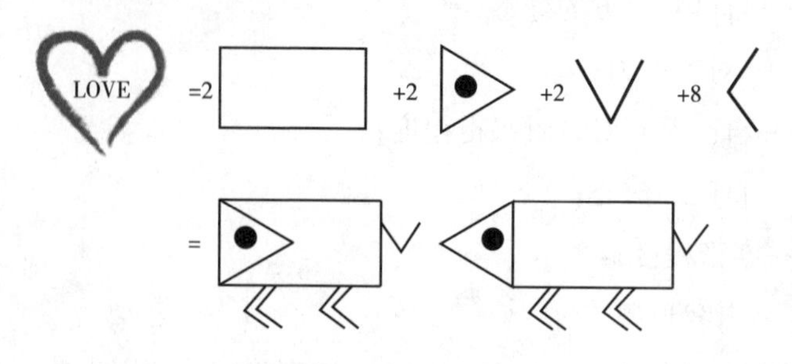

爱因斯坦的爱情公式

资料来源：朴京美．数学维生素［M］．姜镕哲译．北京：中信出版社，2006：155。

花朵的数学方程

一年四季百花开，“一月腊梅二月梅，三月迎春四牡丹，五月芍药六栀子，七月荷花八凤仙，九月桂花十芙蓉，菊花开后象牙红”。生活中，万紫千红、百花争艳，人们大饱眼福，增添了生活乐趣。但在数学家眼里，却不仅如此，又增添了另一番解读，许多植物的花、叶子与一些曲线十分相似。

数学家们建立一些方程，描述花或叶子的外形轮廓[①]。

茉莉花瓣的方程：$x^3+y^3=3axy$（笛卡尔曲线或叶形线）

① 王玮．无处不在的数学［M］．广州：世界图书出版公司，2009：152－154.

三叶草的方程：$\rho = 4\ (1 + \cos 3\varphi + 3\sin^2 3\varphi)$

向日葵花瓣的方程：$\begin{cases} \theta = 360t \\ r = 30 + 10\sin(30\theta) \\ z = 0 \end{cases}$

“美丽”的蝶恋花方程：

蝴蝶函数 $\rho = 0.2\sin(3\theta) + \sin(4\theta) + 2\sin(5\theta) + 1.9\sin(7\theta) - 0.2\sin(9\theta) + \sin(11\theta)$

花函数 $\rho = 3\sin(3\theta) + 3.5\cos(10\theta)\cos(8\theta)$

除了可以展示绚烂大自然的精彩公式，还有许多公式的图像非常美妙，呈现效果让人惊叹不已。

你能观察出下面四个图像所表示的内容吗？四个数学函数非常简单，但其组合后图像却十分惊艳地拼凑成英文单词“LOVE”。

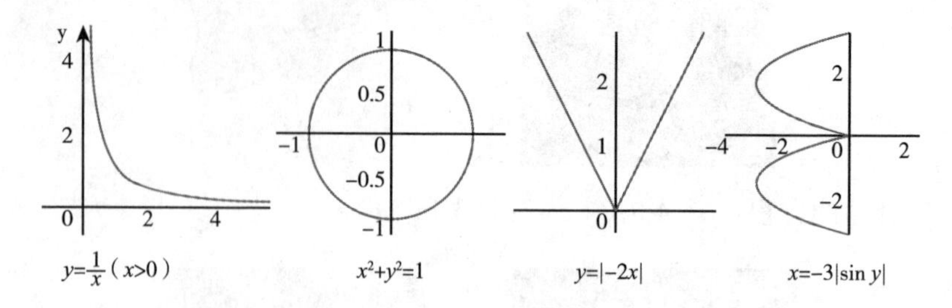

$y=\frac{1}{x}\ (x>0)$　$x^2+y^2=1$　$y=|-2x|$　$x=-3|\sin y|$

还有许多函数的图像为心形图案，带有浓浓的浪漫气息，尤其深受理科生的喜爱。甚至有理科生借助这些公式向心爱之人表达爱意，但要懂的人才能明白公式中隐藏的爱心图像寓意。

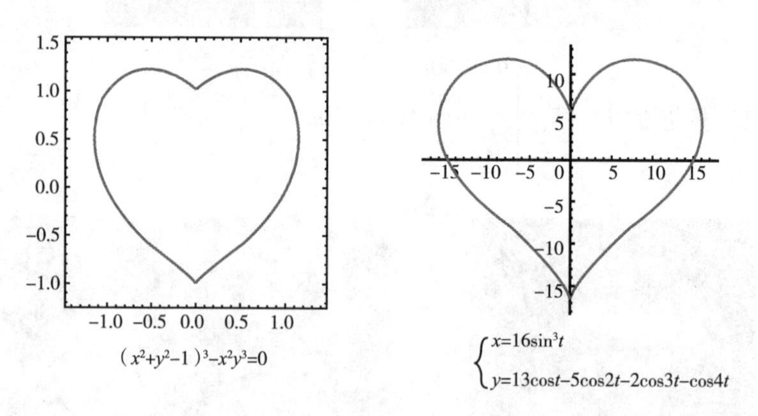

$(x^2+y^2-1)^3-x^2y^3=0$

$\begin{cases} x=16\sin^3 t \\ y=13\cos t-5\cos 2t-2\cos 3t-\cos 4t \end{cases}$

树木年轮里的地震年代信息

如同大侦探福尔摩斯总能找到线索破解案情一样，人们在树木里也发现许多线索，通过这些线索一些疑团被解答。究竟树木里有什么线索，又能让我们发现些什么？

树木里留下的巨大线索是“年轮”，是自然界的无字天书①。当大树被

① 陈金法．年轮——自然界的无字天书［J］．百科知识，2011（7）：47－49.

砍伐，观看留下的树桩断面，一圈圈疏密不同的同心圆就是年轮。树木每年都会形成一个界限分明的年轮，年轮里隐藏着丰富的历史资源，可谓是一部有“文字”记载的科学“巨著”，其中有一个重要的记载就是“地震”。

年轮

（拍摄人：Masic75）

树木年轮的生长容易受多种因素影响，并随之发生变化，如气温、降雨量、地震和泥石流等。当气温适宜，雨量充沛，适合树木生长时，不仅长得快，年轮变宽且颜色更浅；反之，当不适宜其生长，就长得慢，年轮相对就窄且颜色稍深。同样，当地震情况出现时，年轮也会被影响，且变化十分明显，有时候这一影响还会持续几年甚至几十年。因此通过分析树木年轮，可以确定地震发生年代等信息。

通过对地震带附近的树木年轮分析，可以推测过去地震发生的年代，其中有一种方法称为“最大树龄法”。如果有些树木位于古地震断裂面，并随着断裂面形成才开始生长发育，此时这些树木的最大树龄便可估作古地震发生年代。其计算公式为：

$$J=\frac{S}{2\pi P}$$

式中：J——古地震发生至现在的年数；

S——被测树木最大直径的树干基部的周长；

P——被测树木年轮的年平均生长宽度。

比如，1982 年，在我国西藏当雄北一带进行地震研究。从古地震断裂面上生长的香柏树中取出一棵，获得数据为：年轮平均生长宽度 $P=0.22$ 毫米，树木基部周长 $S=80$ 厘米，则可计算得

$$J=\frac{S}{2\pi P}=\frac{800}{2\times3.14\times0.22}=579(\text{年})$$

地震发生距离1982年大约有579年，即古地震发生在大约1403年。查阅史料记载，这个地区在1411年前后确实发生过8级左右的强地震。①

除最大树龄法外，利用交叉定年等研究手段，通过地震带附近的树木年轮，与周边没有经历地震影响的树木年轮比较，同样可以推测过去发生地震的年代。

但实际上，树木年轮的研究远不止这些。自从1920年美国天文学家道格拉斯开创了年轮研究，它被广泛应用于研究历史、气象、环境科学、医学等不同领域。道格拉斯还在亚利桑那大学建立树木年轮实验室，储存大量树木样本，成为世界上最大的树木年轮收藏。

（1）年轮里隐藏的历史年代。

◆ 在浩瀚的大海里，那些历代沉没的船只，根据造船木材上的年轮花纹可知道树种；根据船体腐蚀情况可确定船遇难时代。

◆ 中世纪俄国的诺夫哥罗德，路面铺满原木，防止街道泥泞不堪。随着木头的破坏再铺一层，一层又一层，到现在至少有28条街道堆满着这些原木。通过对木头年轮的研究，最早甚至有953年，最晚的可追溯有1462年，可谓是“年轮博览会”。

◆ 通过分析橡木油画板上的年轮式样，便可知道有些画的作画年代，如伦勃朗和鲁本斯等艺术大师的画。

（2）年轮里的天气预报。

◆ 美国科学家在年轮研究过程中发现，美国西部草原每隔11年发生一次干旱，运用这一结论1976年的大旱被正确预报出来。

◆ 在我国，气象工作者研究祁连山的一棵古圆柏树，推算出我们近千年来的气候以寒冷为主。在17世纪20年代到19世纪70年代这段时间，是近千年来最长的寒冷时期，大约有250年。

（3）年轮里的环境科学。

◆ 利用光谱法，德国科学家研究费兰肯等3个地区的树木年轮，掌握

① 王玮．无处不在的数学［M］．广州：世界图书出版公司，2009：165.

了 120～160 年的铅、锌、锰等金属元素的污染情况，通过对比不同时代的污染程度，发现环境污染的主要原因。

◆ 美国亚利桑那大学的一个研究小组发现，地处加拿大不列颠哥伦比亚省特莱尔一家铅矿冶炼厂，居然影响到美国华盛顿的树木生长。

蟋蟀的唱歌与温度

今天人们出门，想知道天气如何，有天气预报可以了解实时信息。古人则更多凭借经验，看看天上的云，听听动物的叫声，观察动物的行踪，来获得天气信息。如劳动人民总结的谚语：

喜鹊枝头叫，出门晴天报。

蟋蟀上房叫，庄稼挨水泡。

蚊子咬的怪，天气要变坏。

蜻蜓千百绕，不日雨来到。

不仅如此，古人还通过动物的行踪判断季节，如《诗经》中的“五月斯螽动股，六月莎鸡振羽。七月在野，八月在宇，九月在户，十月蟋蟀入我床下”。更通俗的还有民间谚语“促织（即蟋蟀）鸣，懒妇惊”，蟋蟀一叫秋天到，天气渐渐变凉，提醒人们要准备冬天的衣服。

看来，蟋蟀还是小小的天气预报员，将天气的变化告诉人们。在 19 世纪的时候，就有研究者针对蟋蟀这一特性进行专门研究，居然发现它们唱歌的频率可以用来计算温度，真是名副其实的“天气预报员”。

这位研究者就是美国物理学家多尔贝尔（Amos Dolbear），1890 年，他的论文《作为温度计的蟋蟀》（The Cricket as a Thermometer）专门论述了蟋蟀叫声和温度的关系，并给出公式，被称为 Dolbear 定律。① 该文一共有两个公式：

计算华氏温度的公式：

① 吴国和．蟋蟀的鸣叫与温度［J］．辅导员，2012（8）：69，75.

$$T_F = 50 + \frac{N-40}{4}$$

计算摄氏温度的公式：

$$T_C = 10 + \frac{N-40}{7}$$

式中：N——每分钟蟋蟀鸣叫的次数；

T_F——华氏温度；

T_C——摄氏温度。

另外，华氏（F）温度和摄氏温度（C）可以相互转换，转换公式为

$$5(F-50°)=9(C-10°)$$

不过物理学家多尔贝尔指出公式的使用是有范围的，只有在7.22～32.22℃，即华氏45～华氏90度，公式才有效。否则当低于此温度范围时，蟋蟀行动变得迟缓，一般不再鸣叫或叫声变迟缓；而温度超过此范围时，蟋蟀会大幅减少鸣叫次数以节省能量。

不仅如此，科学家们还发现只有雪树蟋蟀每分钟鸣叫的次数与环境温度之间存在着固定关系，而其他蟋蟀并没有被发现存在这种确切关系。雪树蟋蟀在我国被称为玉竹岭，鸣叫响亮清脆，节奏感强。有研究者进一步验证并找到了雪树蟋蟀的鸣叫速率与温度之间的关系，而且并没有多尔贝尔计算的那么复杂，其简单的计算步骤如下：

首先找到一只雪树蟋蟀；然后以14秒为一时间间隔，计算蟋蟀鸣叫次数；最后将所得的次数加上38（也有人认为加上37或40），即得到当时的华氏温度（F）。

但令人遗憾的是，这种蟋蟀在我国分布并不广泛，所以想找到这种蟋蟀来做实验难度比较大。

那么，为什么蟋蟀的鸣叫与温度有关联呢？

原来，蟋蟀唱歌并不是通过嗓子，而是它的翅膀。如果仔细观察，你会发现蟋蟀鸣叫时，双翅总是不停地振动。这时候它不是振翅欲飞，而是

翅膀成为发声器，通过振动翅膀鸣叫。有科学家解释：蟋蟀的翅膀上有像锉刀一样的短刺和硬棘，当翅膀一张一合，相互摩擦时，就可以振动内翅和外翅之间的发音镜（透明薄膜），发出它所需要的音调。当温度升高时，蟋蟀为了适应温度的变化，就要加快翅膀的振动次数，就像我们感到热了，要加快扇扇子一样，只是蟋蟀的翅膀振动加快是本能的。

事实上，用蟋蟀计算准确的温度有一定难度，即使同一只蟋蟀的鸣叫声也时时不同。

无处不在的数学公式

翻阅数学发展史，数学家们创造的重要成就中有两项是符号和公式，尤其简洁的公式让数学更实用和更美丽。独具魅力的公式不仅成为数学学科的瑰宝、数学家眼中的明珠，而且是其他学科发展必不可少的奠基石。

让我们一起领略生活中无处不在的数学公式！

欧拉公式（Euler's formula）

$$e^{ix} = \cos x + i\sin x$$

18 世纪瑞士数学家欧拉创造了这个公式，将指数函数与三角函数联系在一起，从实数扩充到复数，甚至可以说沟通了世界上几乎所有的数学元素。欧拉公式不仅适用于数学中多个领域，而且成为电子学的有力支撑，成为电子学革命的重要理论基础。

当 $x = \pi$ 时，欧拉公式可得：$e^{i\pi} + 1 = 0$，该式被称为欧拉恒等式。公式将数学里最重要的几个常数聚集到一起，包括：两个超越数即自然对数的底 e（也叫欧拉数）和圆周率 π；两个单位即虚数单位 i 和自然数的单位 1；以及数学里常见的 0。这样的结合让欧拉恒等式获得许多赞誉，它将物理学中的圆周运动、简谐振动、机械波、电磁波、概率波等联系在一起。

欧拉公式被数学界公认为最著名和最美丽的公式之一，如果在网络上输入关键词“欧拉公式”，你会发现它甚至被冠名为“宇宙第一公式”，可见其实力非同一般。

傅里叶变换（Fourier transform）

$$F(\omega) = F[f(t)] = \int_{-\infty}^{+\infty} f(t)\mathrm{e}^{-i\omega t}\mathrm{d}t$$

法国著名数学家约瑟夫·傅里叶（Joseph Fourier，1768—1830）在研究热力学时得出傅里叶变换，进而影响工程学，尤其是电子工程，广泛应用于无线电、声学等信号处理，也广泛应用于图像压缩、图像增强、图像去噪等图像分析领域，还应用于声音去噪等音频分析处理，甚至还可应用于设计抗震建筑物的结构力学。除此之外，该变换在统计学、密码学、海洋学等众多领域有着应用。傅里叶的理论开创和卓越贡献，使他的名字在埃菲尔铁塔基座上72位数学家、科学家、工程师名字中占有一席之地。①

如今进入人工智能时代，傅里叶变换更加焕发活力，为我们提供了一个丰富多彩的信息化时代。

香农公式（Shannon formula）

$$C = B\log_2\left(1 + \frac{S}{N}\right)$$

其中，C 为信道容量（比特/秒），B 为传输带宽（赫兹），S 为信号功率（瓦），N 为噪声功率（瓦），$\frac{S}{N}$为信噪比。

香农公式是由美国数学家香农（Shannon，1916—2001）在1948年提出的一个著名公式，是通信技术三大重要公式之一。香农公式计算的信道容量 C 可以用来分析网络性能，指导提升业务速率。

从2G时代到5G时代，提高传输速度一直是我们追求的目标，而这一切离不开香农公式。甚至有人说，香农公式是5G时代的真正主宰！香农被

① 刘婷婷，马鲍方．法国数学家、物理学家傅里叶［J］．少儿科技，2021（12）：15－16.

称为“信息论之父”！①

余弦定理（law of cosines）

右图$\triangle ABC$中，$\angle A$的余弦为：

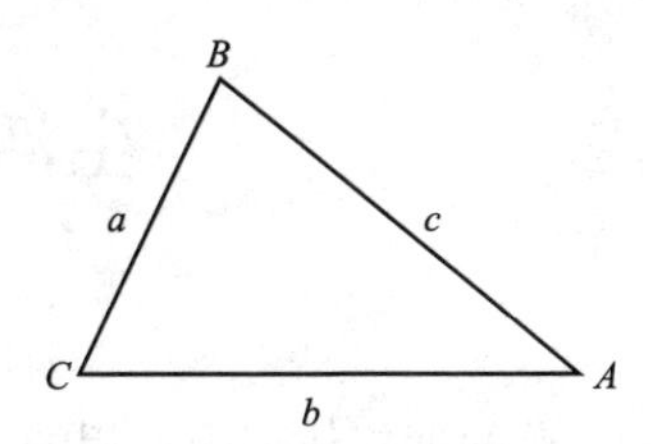

$$\cos A=\frac{b^2+c^2-a^2}{2bc}$$

大数据时代，余弦定理和新闻的分类成为新搭档。结合向量表示，在对新闻文字量化后，余弦定理可用来进行新闻的分类。②

数学公式如此美丽，如此美妙，也如此重要，在我们生活中无时无刻不发挥着作用。英国科学期刊《物理世界》开展的“最美丽最伟大公式”评选活动，最终有10个公式上榜，其中就包括欧拉公式和傅里叶变换，其余8个公式为圆的周长公式、勾股定理（毕达哥拉斯定理）、薛定谔方程、麦克斯韦方程组、牛顿第二定律、质能方程、德布罗意方程组（现代量子力学基石）、1+1=2。

你能找到生活应用中所隐藏的那些数学公式吗？

---

① 吉米·索尼，罗伯·古德曼．香农传：从0到1开创信息时代［M］．杨晔译．北京：中信出版集团，2019：234.

② 吴军．数学之美［M］．北京：人民邮电出版社，2020：127－133.

第九章

生活中的概率与统计

曾两度担任英国首相的本杰明·迪斯雷利有句名言，“世界上有三种谎言：谎言、该死的谎言、统计数字”。[①] 统计数据不一定真就有谎言，或者说它本身是无罪的，关键在于人们站在什么样的立场、如何获得统计结果、如何解释统计结果，解释不同则结果不同。在生活中，我们要学会分辨，哪些数据有据可依，又有哪些数据隐藏或歪曲事实。

平均数不是万能的

我们在生活中特别中意平均数，平均温度、平均身高、平均工资、平均住房面积等。但我们又经常会对平均数产生困惑，因为会觉得平均数与经历或看到的情况有时并不一致。究竟是我们不能统观全局，无法真正理解平均数，还是平均数真有问题？

实际上，平均数并不能代表一组数据的实际情况，它无法反映一组数据间的差异变化；同时，平均数对偏大或偏小的数字比较敏感，容易受这些极端值的巨大影响，从而影响数据的有效性。

看下面一则小故事，就能明白平均数存在的问题。

大学生小王还没毕业，到一家公司求职，应聘一份实习业务员工作。老板告诉他，企业的平均工资是3000元，小王的实习起薪是800元。入职后，小王发现公司业务员的工资都是1000元，初出茅庐的他去找老板理论。

---

① 张夏准．每个人的经济学［M］．李佳楠译．桂林：广西师范大学出版社，2020：347－348.

老板便给了他一张工资单统计表：

级别	工资	人数
业务员	1000	9
业务经理	2000	5
部门主管	2500	4
副总经理	11000	1
总经理	20000	1

按照上表的数据一计算，平均工资确实是3000元。

$$平均工资=\frac{1000\times9+2000\times5+2500\times4+11000\times1+20000\times1}{20}$$

$$=3000（元）$$

小王依然觉得被欺骗。因为对于实习生小王而言，他在很长时间只可能以业务员1000元的工资为标准，平均数3000的参考意义并不大，是副总经理和总经理的高工资使平均值上升了很多。

如果小王想衡量自己所在岗位的工资水平，或许应该综合考虑众数或中位数。众数是指一组数据中出现最多的数值；次数最多的是9名业务员工资，众数是1000。中位数指的是，将数值按从小到大顺序排列，处在中间位置的数值即中位数；从小到大排在中间的数值是业务经理的工资，即中位值为2000。相比较平均数，众数1000或中位数2000更具有参考意义。

与平均工资一样，统计中许多平均数，虽然简单反映总体情况，然而可能因为极端值影响造成误导，并掩盖了一些事实的真相。比如，根据国家统计局公布的数据，2021年我国城镇单位就业人员年平均工资为106837元。由于行业和地域的差异，以及同行业不同企业、同企业不同级别中的收入差距，导致有些人看到106837元会产生“被增收”的感觉，而有些人会感到收入“被减少”或被严重低估。这种状况在于，平均数无法反映收入差距问题，比如全国城镇非私营单位中，年平均工资最高的信息传输、软件和信息计数服务业为201506元，而最低的住宿和餐饮业只有53631元，最高行业与最低行业之比为3.76∶1。

生活中还有许多事情，我们会发现受极端值的影响。比如，各种体育、文娱比赛中，往往会对评分“去掉一个最高分、去掉一个最低分”，就是为了尽量降低异常值的影响，确保平均数的稳定性和代表性。比如，某班级里，如果有一两个学生成绩不理想，则会导致整体平均成绩下滑严重，那几个不理想的成绩就是影响大的极端值。

平均数不是万能的，我们要了解更多情况，仅靠平均值是不够的。我们需要从统计数据中找到更多事实，如众数、中位数、分布差异、标准偏差等，否则有些统计结果就会失去参考价值，或引起人们的不信任。

可以查假账的本福特定律

早在公元前3000多年前，图书馆就已经出现了，它收藏图书和资料，是人们参考和阅览书籍的机构。千百年来，图书馆是知识的殿堂，可有人独辟蹊径，在图书馆翻阅图书时发现一个新秘密：图书馆中大部分书的前几页通常会比较脏。

这一现象很早就曾被关注过，但不了了之。直到1935年，美国通用电气公司一位物理学家弗兰克·本福特（Frank Benford，1883—1948）也发现此现象。当时他在图书馆查阅数学对数表，发现对数表的前几页更脏些，这说明前几页被人翻阅的次数更多。本福特对此“见怪不怪”的现象没有像其他人一样无动于衷，而是产生浓厚的兴趣，并着手研究。经过统计分析，他发现当数据样本足够大，同时数据没有特定的上限和下限时，数字出现的频率呈现一定规律性，并可以用下面的公式算出：

$$F(d)=\log_b\left(1+\frac{1}{d}\right)$$

其中，F代表使用频率，d代表待求证数字，b表示b进位制。这一结果就是著名的“本福特定律”，又被称为“第一数字定律”。上述公式被称为“本福特公式”或“第一数字定律公式”。

比如，十进制数据中，

$$F(n)=\log_{10}\left(1+\frac{1}{n}\right)=\lg\left(1+\frac{1}{n}\right)=\lg(n+1)-\lg n, n=1,2,3,\cdots,9$$

即以1开头的数字出现的频率是 $F(1)=0.301$，以2开头的数字出现的频率为 $F(2)=0.176$，以3开头的数字出现的频率为 $F(3)=0.125$，往后依次频率逐渐降低，以9开头出现的数字频率最低只有0.046。数字出现的规律并不是人们直观感受的均为$\frac{1}{9}$，却是1出现频率最高，依次降低，9出现频率最低。

本福特定律对十进制中各数字打头出现的频率统计

n	1	2	3	4	5	6	7	8	9
F	30.1%	17.6%	12.5%	9.7%	7.9%	6.7%	5.8%	5.1%	4.6%

研究者们发现，不仅书籍中的页码使用符合本福特定律，账本中的数字使用也呈现本福特定律。这个发现可以被用来查账，本福特定律也成为假账“克星”。因为一旦出现做假账更改真实的数据，账本上开头数字出现的频率就会发生变化，偏离本福特定律。而且，更令研究者们感兴趣的是，假账本中反而出现以5和6打头数字的频率最高，而不是1。

颇为典型的假账事件是美国安然公司的丑闻。2001年底，“9·11”事件发生不久，曾是美国最大的能源交易商、《财富》世界排行榜500强排名第16位的安然公司突然宣布破产。关键在于破产前该公司拥有近500亿美元的资产，这使得安然公司破产成为美国历史上最大的破产案。当时就有传言，公司高层管理人员涉嫌做假账。《华尔街日报》也刊登多篇文章，揭露交易和融资存在问题。① 一时间，会计作假问题成为人们关注的焦点。事后，人们发现，2001—2002年度公司公布的每股盈利数字不符合“本福特定律”，账目中打头数字出现的频率与定律中的结果偏差较大，这说明安然公司的高层领导确实改动过账目数据。②

除查账目外，研究者们尝试在不同领域使用本福特定律，解决生活中

---

① 余志勇．安然公司破产的原因及启示［D］．成都：电子科技大学，2004：2－25.

② 胡顺奇，白建勇．统计：揭示隐藏在数字背后的秘密［J］．中国统计，2017（1）：38－39.

的问题。研究者们甚至将本福特定律用于投票选举，结论是：票数这一数据也符合此定律，如果有人修改票数，就会露出蛛丝马迹并出现偏差。正是依据这一结果，数学家发现2004年美国总统选票中，佛罗里达州的投票有欺诈行为；2004年委内瑞拉和2006年的墨西哥总统选举也出现作假投票，篡改投票数量。①

在任何涉及数字的情况中，本福特定律是不是都能使用？答案是否定的。当数据由度量单位制获得时会满足此定律，如人口、死亡率、物理和化学常数、素数数字、斐波那契数列、物理书中的答案等体现的数字。但如果是彩票数字、电话号码、汽油价格、日期和一组人的体重或身高等数据，就不符合此定律；这些数字多比较随意，或任意指定，体现为一些受限数据，而不是由度量单位制所获得的数据。

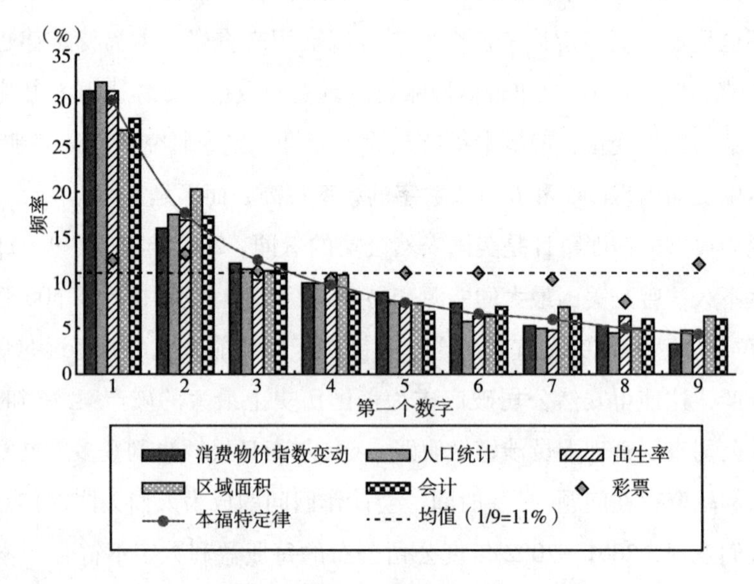

按照本福特定律统计的相关数据

资料来源：王玮．无处不在的数学［M］．广州：世界图书出版公司，2009：38。

再回头想想，引起本福特定律的现象“图书馆大部分书的头几页容易

① 朱帆远．让造假账者胆寒的定律［J］．大科技（科学之谜），2007（12）：22－23.

脏”，这个现象一点也不奇怪，拿到书的人先翻翻开头，如果不喜欢就不会再读下去了，自然前几页更脏。可如此普通的现象，有人无视忽略，有人感兴趣能总结出一定规律。今天，生活中是不是还有一些看起来很普通的事情，但我们却没有注意而忽略了一些什么呢？

用统计学审理文学公案

历史上有许多的文学公案，书籍或文章的作者不详或分不清楚而存在纷争。比如《红楼梦》作为中国四大名著之一其作者却有争议，究竟是曹雪芹一人所写，还是高鹗也有参与。为了解决这些文学公案，数学家们开动脑筋利用统计方法进行分析，希望能知道谁才是真正的作者。

如何利用统计方法进行分析？事实上，每一位作者在创作过程中都有自己的写作风格，有自己的用词习惯，就像很多人都会有自己的口头语一样。数学家正是从这一点入手，进行统计、分析和比对，判断最终的结果。

公案一：《朱利叶斯信函》的作者揭秘[①]

18 世纪后期，英国国内曾发生一件轰动一时的事情，一时引起轩然大波，硝烟四起。当时，一位名叫“朱利叶斯”的人发表了一系列文章，言语犀利尖锐，抨击朝政和大臣、贵族。挨骂的王公、贵族们暴跳如雷，都要找文章作者算账。可谁曾想，“朱利叶斯”只是一个化名，文章也是用信函寄出，所以没有人知道作者到底是谁，最终只能不了了之。

若干年后，“朱利叶斯”这些抨击的文章以文集正式出版，书名为《朱利叶斯信函》。面向读者问世后，它们的价值又再次获得世人肯定。可作者“朱利叶斯”究竟是谁呢？

为了解答谜团，许多人做了大量工作，试图校验作者的笔迹，将同时代作家的文章进行逐一比较和鉴定等。曾有 40 多名作者被列入怀疑名单，

---

① 易南轩，王芝平．多元视角下的数学文化［M］．北京：科学出版社，2007：316.

但仍无法给出明确的结论。最后，人们发现一位名叫菲利普·弗朗西斯的爵士“嫌疑”最大，认为他最有可能，但依然没有确凿的让人信服的证据。

直到20世纪60年代，瑞士文学家埃尔加哈德另辟蹊径，找到证据。他用统计学方法研究这个问题，从《朱利叶斯信函》中找出500个“标示词”（如词序、节奏、词长、句长等），仔细分析50组同义词的使用，并将当年那些可疑的300多名作者的写作习惯进行比较。结果发现，只有弗朗西斯的作品与《朱利叶斯信函》有99%的一致比率。从而疑案破解，水落石出，弗朗西斯与《朱利叶斯信函》画上了等号，200多年的公案落下了帷幕。

公案二：美国第四任总统詹姆斯·麦迪逊的新成就①

1787年，美国刚刚开过联邦大会。接着为了保证纽约州承认并通过宪法，当时亚历山大·汉密尔顿（Alexander Hamilton，1755—1804）、詹姆斯·麦迪逊（James Madison，1751—1836）和约翰·杰伊（John Jay，1745—1829）三人一起，决心通过发表一系列短文的形式阐述宪法的精神。最后一共发表了85篇文章，这些短文出版为《联邦党人文集》，其中麦迪逊和汉密尔顿写了绝大部分文章，杰伊只写了几篇。

后来人们发现，85篇文章中，73篇的作者明确。但余下有12篇的作者却不知道究竟是哪位，究竟是汉密尔顿还是麦迪逊。

在20世纪60年代，美国的莫索·泰勒和华莱士采用统计方法进行研究，通过“标示词”和词频率的综合比较，以及对比他们二人各自的用词等写作习惯，最后判定是詹姆斯·麦迪逊完成的那12篇文章，是它们真正的作者。

让我们一起来看看詹姆斯·麦迪逊和汉密尔顿，两位美国历史上的风云人物。

詹姆斯·麦迪逊在美国制宪会议提出著名的“弗吉尼亚”方案，它成为

---

① 易南轩，王芝平．多元视角下的数学文化［M］．北京：科学出版社，2007：316.

联邦宪法制定的基本框架和指导原则。后来，他先后担任国务卿（1801～1809年）、美国第四任总统（1809～1816年）。卸任总统职务后，1819年参与创立弗吉尼亚大学，并担任该校校长。如今，这12篇文章的作者明确为他，无疑为他辉煌的一生又增添了新成就。

再来说说另外一位作者亚历山大·汉密尔顿，美国开国元勋，他是联邦宪法制定的主要起草人，也是这部宪法的主要宣传者。他曾担任财政部部长，后退出内阁。1804年，在与政敌的决斗中死去，英雄的一生就此结束。

公案三：莎士比亚作品的争议①

英国文艺复兴时期伟大的剧作家、诗人莎士比亚，曾创作过《罗密欧与朱丽叶》等38部剧本，这一辉煌成就让他雄踞世界戏剧史之巅，也为他惹来了争议。

莎士比亚

（拍摄人：Nicku）

有人怀疑莎士比亚，认为一个“粗俗的平民”、来自乡下的普通工人如何能写出惊世之作。他们认为其他受过教育的人才能拥有这些作品。19世纪中叶，这些争吵达到白热化程度，莎士比亚的拥护者则声称有人要嫁祸莎士比亚，引起大家对莎士比亚的批评。一时间，众说纷纭。

后来，科学家们用一项“电脑指纹”技术分析了莎士比亚的书写“指纹”，驱散了人们的疑惑，并公布于世。其中，电脑指纹由已知著作创建，再用来比较不知名作品的指纹，看是否能匹配。

美国马塞州大学马赛诸塞州文艺复兴研究中心的亚瑟·肯莱成立了一个研究小组，将莎士比亚的作品和他同时代其他剧作家的作品都输入电脑

① 王玮. 无处不在的数学［M］. 广州：世界图书出版公司，2009：166－167.

系统，创建一个庞大的数据库。然后，用“电脑文体论”的方法进行统计分析，主要分析内容有文字的用法、出现频率、短语的拼写与放置位置，以及通用单词。结果发现，“gentle”一词在莎士比亚作品的出现频率是其他作者作品的2倍；还有，“hail”前加“farewell”也频繁出现在莎士比亚戏剧作品中，等等。

通过电脑和统计分析，更多证据被呈现出来，终于可以还莎士比亚一个说法，他是这些作品唯一的作者。

公案四：《静静的顿河》带来的不平静①

苏联作家米哈依尔·肖洛霍夫的作品《静静的顿河》出版后，就给他带来了不平静。有人怀疑他抄袭了一位名不见经传的哥萨克作家克留科夫的作品。

数学家们就如同法官一样，期待能找到证据，获得事实的真相。

后来，捷泽等学者决定采用“计算机风格学”方法进行考证，寻找真正的作者。所谓“计算机风格学”，就是利用计算机计算一部作品或作者平均词长和平均句长，对作者或作品使用的字、词、句频率进行统计研究，从而了解作者的风格。

捷泽他们从《静静的顿河》中随机挑选了2000个句子，再分别挑选没有疑问的肖洛霍夫和留柯夫的小说各一篇，并从中随机各选出500个句子，将选出的共3000个句子输入电脑进行处理。在“计算机风格学”方法下句子结构被分析，有充分数据证明《静静的顿河》确实是肖洛霍夫的作品。

后又有作家进行分析，通过计算机实施了更严格、更精确的考证，再次确定《静静的顿河》是肖洛霍夫所写。

---

① 张楚廷. 数学文化［M］. 北京：高等教育出版社，2000：325－327.

公案五：《红楼梦》的作者是曹雪芹一人吗①

在我国，四大名著之一的《红楼梦》也存在争议。它的前80回与后40回的作者是否都为曹雪芹，还是分别出自曹雪芹与高鹗。许多研究者利用统计方法进行研究，希望找到答案，但结果却并不一致。对于红学研究者来说，这个问题一直没有得到定论。

1954年，瑞典汉学家高本汉（1889—1978）列出38个字作为依据，考察它们分别在前80回和后40回的出现情况，得出结论作者是一人。但他的结论并没有被完全认可。

我国学者赵冈、陈钟毅夫妇也对此进行研究，他们二人统计“了”“的”“若”“在”“儿”五个字的出现频率，并用统计学中对频率的均值进行t检验，认为前后两部分明显不同。

1981年，美国威斯康星大学华裔学者陈炳藻也对《红楼梦》进行研究，他把曹雪芹惯用句式、常用词语以及搭配方式等，输入计算机里作为检验的标准样本和依据，通过对两部分分别比较，发现前80回和后40回之间的正相关达80%。他的结论是曹雪芹是这120回的作者。

1983年，华东师范大学陈大康教授用字、词、句进行全面的统计分析，发现“端的”“越性”“索性”在不同章节中的出现情况，断言前80回是曹雪芹一人所写，后40回是另一人所写。但又给出结果，后40回虽然不是曹雪芹所写，却含有他的残稿。

1987年，复旦大学数学系李贤平教授，统计47个虚字“之、其、或、亦、呀、吗、罢、的……”在各章节出现的次数，然后通过电脑将其绘成图形，观察不同作者的创作风格，得出一个新结论：是佚名作者作《石头记》，曹雪芹“批阅十载，增删五次”，将自己早年所做《风月宝鉴》插入《石头记》，定名为《红楼梦》，成书前80回书；后40回是曹雪芹的亲友将曹的草稿整理而成，其中宝黛故事为一人所写；而程伟元、高鹗为整理全

① 王玮．无处不在的数学［M］．广州：世界图书出版公司，2009：187－189.

书的功臣。

由于采用统计学的方法和样本不同，不同学者给出了不同结论。目前，《红楼梦》的作者归属问题，并没有像前面《静静的顿河》等几部著作一样明确化。其实就连曹雪芹的画像，人们也一直不能辨真伪，真是悬案之上又一悬案。

如今，随着计算机存储信息量的增大，可以更多地从多种角度和方式对文章内容进行统计分析，或许不久的将来能获得一个大家认可的答案。

（清）孙温《红楼梦绘本》：接外孙贾母怜孤女

资料来源：刘广堂．清・孙温绘全本红楼梦［M］．北京：作家出版社，2004。

纸牌游戏“21 点”的胜算概率①

21 点游戏起源于法国，又叫黑杰克（Black Jack），距今已有 300 多年的历史。1931 年，美国内华达州宣布赌博合法后，21 点游戏第一次出现在当地赌场俱乐部。之后，便一发不可收拾，这个游戏成为人们最喜爱的游戏之一。在 21 点游戏中，使用除大小王之外的 52 张牌，游戏者手中牌的数

① 爱德华・O. 索普．击败专家 21 点的有利策略［M］．徐东升，顾磊，译．北京：机械工业出版社，2019.

字之和（即点数）应小于或等于21，并且数字越接近21点就越有可能获胜。

在香港电影中，赌王不仅能记住牌，知道对家的牌，并且获胜的概率能从牌面上计算出来。正如赌王一样，有一位数学家就专门分析“21点”不同情况下的获胜概率。这位数学家便是美国数学家索普（Edward O. Thorp），后来转战金融市场，成立了史上第一家量化对冲基金，被尊称为量化对冲基金之父，人们还称呼他为“二十一点爱因斯坦”。

索普利用数学中的概率知识，计算出获胜的可能性，提出了“21点游戏中的必胜策略”。根据这一战略，他说服周边的亲朋好友出资，然后他将这些资金下注，以此证明自己结果的有效性。1962年，他将这一结果写成一本书，名为《打败专家》，受到人们的广泛关注。

通过计算出概率结果和开展的实践验证，索普在书中告诉人们：“如果纸牌数字之和小于11，就继续叫牌，如果超过了17就停止叫牌；当纸牌数字之和为12~16时，就要认真观察庄家翻开的纸牌。此时，如果庄家的牌包括A在内且有大于7的数，就继续叫牌；如果庄家的牌为2~6，就停止叫牌。

当然，不仅心中要有上面的结论，作为一个纸牌玩家，任何时候记住游戏过程中出现的纸牌，都是尤其重要的。

著名的墨菲定律

提起概率，我们常常想到的是机会均等，如抛硬币，出现正面和出现反面的机会是一样的。可有一个定律却给出完全不一样的思想，这个定律就是墨菲定律（Murphy's law）。

1949年，美国工程师墨菲，在进行人类对加速度承受极限的测验中，因仪器失灵发生了事故。墨菲发现，16个加速度计被一个技术人员全部装错了。由此，他得到一个教训：如果某项工作有多种方法，而其中有一种方法将导致失败，那么一定有人会按这种方法去做。解释这句话的著名案例是，如果你衣袋里有两把钥匙，一个是房间的，一个是汽车的，假设现在你想拿出车钥匙，会发生什么？是的，你往往会拿出房间钥匙。

该结论讲出了技术界中一个铁的事实：技术风险能够由可能性变为突发性事件。此后被迅速流传，就有了墨菲定律，表述为：事情往往会向你所想到的不好的方向发展，只要有这个可能性。最简单的表达便是“越怕出事，越会出事”。后来，人们赋予墨菲定律无限创意，出现多种变体。

（1）如果坏事有可能发生，不管这种可能性多么小，它总会发生，并引起最大可能的损失。

（2）会出错的，终将会出错。

（3）笑一笑，明天未必比今天好。

（4）东西越好，越不中用。

（5）别试图教猫唱歌，这样不但不会有结果，还会惹猫不高兴！

从概率学角度，墨菲定律提示我们不能忽视生活中的小概率事件，当不好的小概率事件发生了，会造成严重甚至灾难性后果。而且一个坏的或不好的小概率事件，即使当时不会发生，在经过足够时间后，必然会发生并带来事故。墨菲定律警示我们要有效管理小概率事件，而不是麻痹大意无视它。

其实，在生活中我们经常碰到，越紧张一件事情反而越容易发生，有时候坦然面对却有好的情况。所以还有另外一个结果“如果有可能做好，就一定会做好”。墨菲法则也需要看我们是以何种心态去面对它。

生日可能相同的概率

以前电视上经常出现广告：想知道有多少人和你同年同月同日生吗？编辑短信，发送到×××便可知道。生活中，你有碰到同年同月同日生的人吗？那么碰到的概率会有多大？

如果一个班级里有25名同学，则两个人同生日的概率将高达57%；如果一个班级有50名同学，则两人同生日的概率居然有97%。这似乎是一个让人很惊讶的结论。

我们来分析一下 25 名同学中有两个人同生日这个结论。一年有 365 天，每个人的生日都是从这 365 天挑选出一天。我们先考虑 25 名同学的生日都不相同：第 1 名同学的生日出现在 365 天中一天，其概率为$\frac{365}{365}$；第 2 名同学的生日不同于第一名同学，只能为剩下的 364 天中的一天，概率为$\frac{364}{365}$；第 3 名同学的生日不同于前两名同学的生日，只能为余下的 363 天中的一天，概率为$\frac{363}{365}$；……；第 25 名同学的生日不同于前面 24 名同学的生日，概率为$\frac{341}{365}$。计算 25 名同学生日都不同时的概率为$\frac{365}{365}\times\frac{364}{365}\times\frac{363}{365}\times\cdots\times\frac{341}{365}\approx0.43$。

25 名同学的生日情况有两种，一种情况是都不相同，一种情况是至少有两名同学相同。现在生日都不同的结果是 0.43，则至少有两名同学生日相同的概率为 1 减去 0.43 即 0.57。

实际上，两人生日相同，包含了三个人生日相同、四个人生日相同等情况，所以概率才如此的高。而我们在现实生活中，碰到和自己生日相同的概率，往往并未感觉有如此的高。

第十章

数学游戏

数学与游戏紧密结合，甚至有评论说“游戏精神是数学发展的主要动力之一”。数学游戏既带来乐趣，又刺激人们追求探索，吸引着一代代人的目光与追随。数学游戏带来娱乐与益智的同时，不仅带来数学思想的产生，促进数学知识的传播，而且还引发数学新学科的创建。

中国古典智力游戏三绝

提到数学游戏，就必须要介绍我国三大古典智力游戏，即七巧板、九连环和华容道，其蕴含着丰富的数学知识。

七巧板由七块板组成，而这七块板可拼成1600种以上图形，例如三角形、平行四边形、不规则多边形，也可以拼成各种人物、形象、动物、桥、房、塔等等。在18世纪，七巧板流传到了国外，很快就风靡世界。

九连环用九个圆环相连成串，以解开为胜。它需要按照一定顺序解开，共需要256步。解九连环被赋予聪明与智慧的象征；而且解九连环需要花费一段时间，是对耐心的考验。不仅如此，九连环除常见的九环外，还可增加环数提高难度，虽然本质解环方法不变，但环数增加将使解开步骤呈几何级数递增。

华容道游戏取自著名的三国故事，属于滑块类游戏。游戏是依照“曹操兵败走华容，正与关公狭路逢，只为当初恩义重，放开金锁走蛟龙”这一故事情节设计的。华容道是中国人发明的，最终解法由美国人用计算机求出，最快走法需要 81 步①。华容道的设计原理目前仍未清楚，其蕴含的数学原理依然是未解之谜。但这些都不影响人们对该游戏的热情和喜爱，人们还将其改版为数字容量不同的数字华容道。

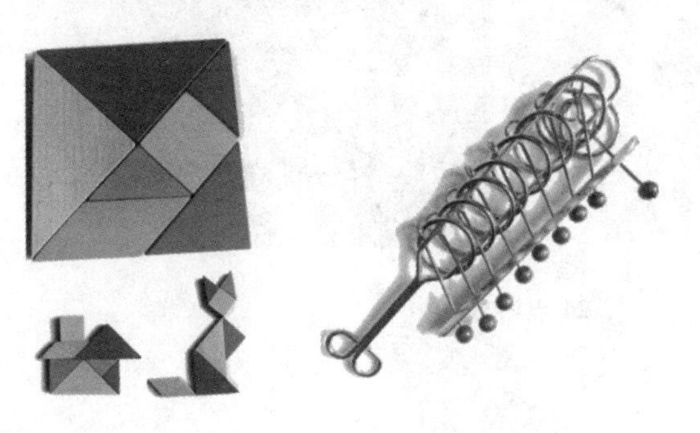

中国三大古典智力游戏

24 点游戏

数学 24 点游戏是益智类的数学游戏，流行于世界各地。因为玩法简单，既可以是朋友聚会的娱乐，也可以是一个人的自我消遣。也因为简单，在小学生中普及率非常高，锻炼数学运算与思维。

其游戏规则为：一副扑克牌中去掉大小王后剩下 52 张，其中令 $A=1$，$J=11$，$Q=12$，$K=13$，任意抽取 4 张牌（称之为一个牌组），通过加、减、乘、除（可加括号）甚至开方等运算得到结果 24。

游戏中每张牌必须且只能用一次，一个牌组的解法可能是多解、可能是唯一解或无解不同情况。例如，抽出的牌为 3、8、8、9，得到 24 的解法为多解，算式可为 $(9-8)\times8\times3$ 或 $3\times8\div(9-8)$ 或 $(9-8\div8)\times3$ 等。

不妨开动脑筋，给出下面两个牌组求 24 的解法。

① 莫海亮，吴鹤龄. 走出“华容道”，再去“攀高峰”[J]. 科学世界，2013 (12)：56 - 61.

24 点游戏

数独

数独是源于18世纪瑞士数学家欧拉等人研究的拉丁方阵，运用纸、笔即可进行演算的数学益智类的逻辑游戏。直到19世纪传到日本改名为“数独”（sudoku），其中“数”是数字，“独”是唯一。之后该游戏风靡全球，越来越多的解法供游戏者参考使用，甚至有了数独者欢聚的盛会——世界上规模最大的数独比赛“世界数独锦标赛”。2006年，首届世界数独锦标赛在意大利卢卡举办。2013年，第八届世界数独锦标赛在中国北京举行。

常见的数独为九宫，每一宫又分为九个小格，所以数独又被称为“九宫格”。其规则为：九宫八十一格中给出一定的已知数字和解题条件，利用逻辑和推理，在其他的空格上填入1~9的数字，且使1~9每个数字在每一行、每一列和每一宫中都只出现一次。但随着游戏的盛行，越来越多变形的数独被开发，如对角线数独、锯齿数独、雪花数独、星状数独和连体数独等。

下列数独是世界数独锦标赛的往年题目，不妨试试看挑战一下，给出这些数独答案。其中变形数独的对应规则为：对角线数独除满足常见九宫数独要求外，还要求两条对角线上也要包括数字1~9；锯齿数独要求1~9每个数字在每一个行、列、不规则宫内只出现一次，不能重复；雪花数独需将数字1～6填入三角空格，使每个数字在每一行、每一左斜列、每一右斜列和每一个标有粗线的六边形宫中只能出现一次；星状数独需将数字1～9填入三角空格，使每个数字在每一行、每一左斜列、每一右斜列和每一个标有粗线的大三角形宫中只能出现一次。

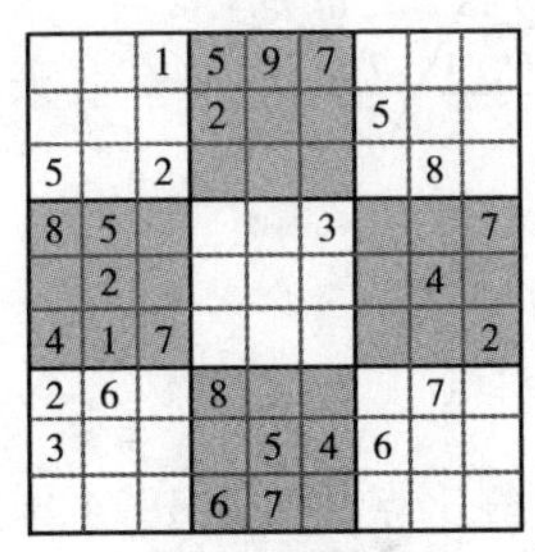
常见九宫数独

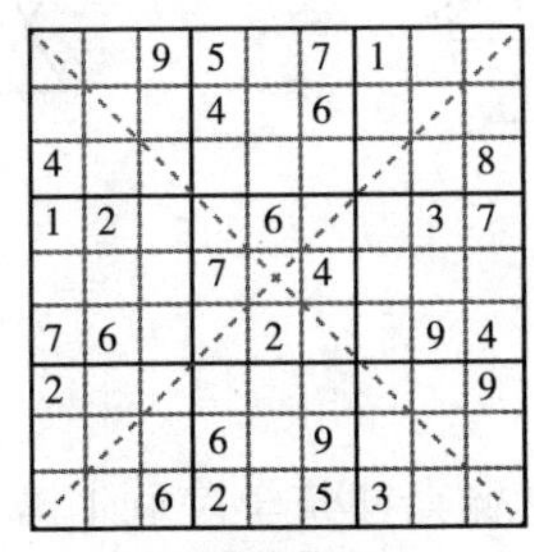
对角线数独

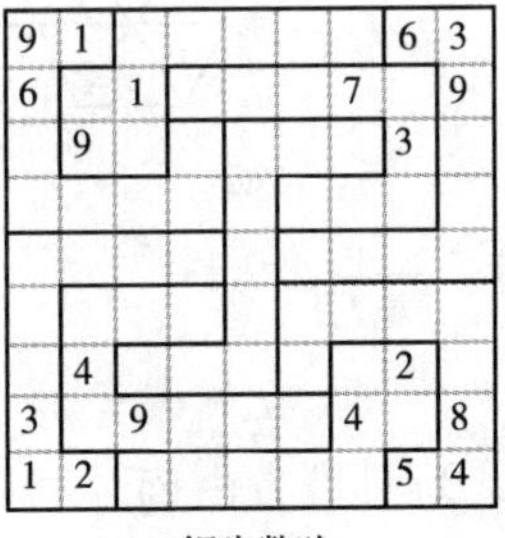
锯齿数独

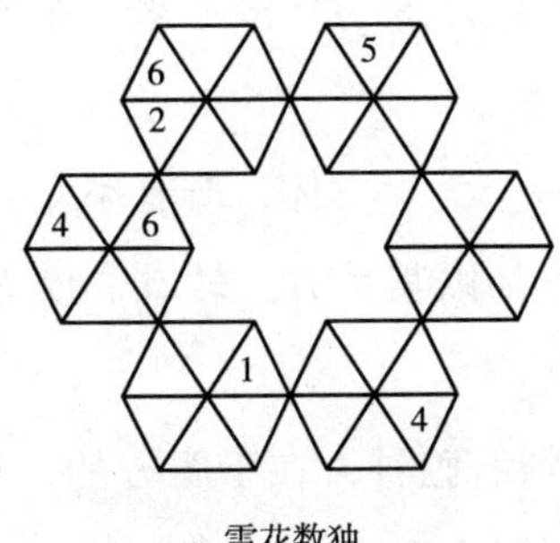
雪花数独

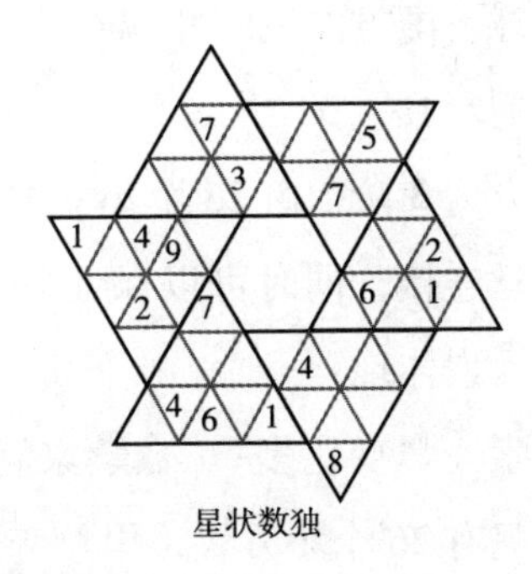
星状数独

各种数独

资料来源：数独联盟．第二届世界数独锦标赛赛事题集［M］．北京：科学普及出版社，2008。

参考答案①：

6	8	1	5	9	7	2	3	4
7	3	4	2	6	8	5	1	9
5	9	2	3	4	1	7	8	6
8	5	6	4	2	3	1	9	7
9	2	3	7	1	6	8	4	5
4	1	7	9	8	5	3	6	2
2	6	5	8	3	9	4	7	1
3	7	9	1	5	4	6	2	8
1	4	8	6	7	2	9	5	3

6	3	9	5	8	7	1	4	2
5	8	2	4	1	6	9	7	3
4	1	7	3	9	2	6	5	8
1	2	4	9	6	8	5	3	7
3	9	8	7	5	4	2	1	6
7	6	5	1	2	3	8	9	4
2	5	3	8	7	1	4	6	9
8	4	1	6	3	9	7	2	5
9	7	6	2	4	5	3	8	1

9	1	2	5	4	7	8	6	3
6	3	1	4	2	5	7	8	9
5	9	6	8	1	4	2	3	7
2	7	4	3	8	1	6	9	5
7	6	5	9	3	8	1	4	2
4	8	3	1	5	2	9	7	6
8	4	7	6	9	3	5	2	1
3	5	9	2	7	6	4	1	8
1	2	8	7	6	9	3	5	4

① 数独联盟．第二届世界数独锦标赛赛事题集［M］．北京：科学普及出版社，2008.

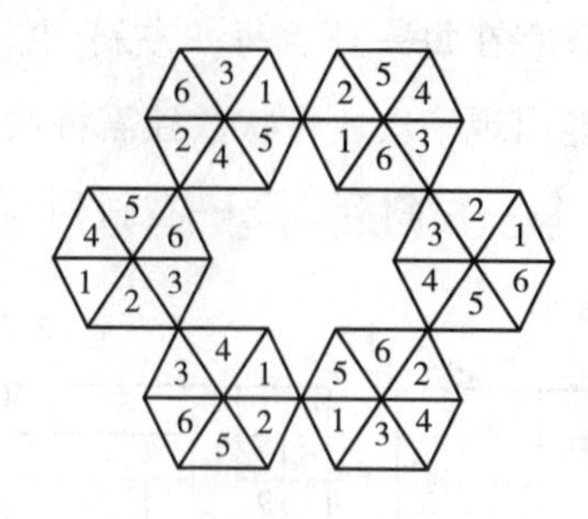
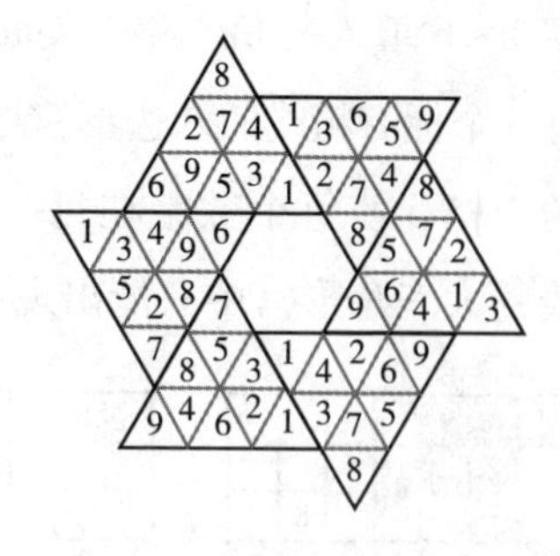

魔方

玩具魔方由匈牙利布达佩斯建筑学院厄尔诺·鲁比克教授在1974年发明，起初仅仅作为一种教学工具，帮助学生增强空间思维能力，但没想到迅速风靡全球。魔方的风靡和流行引起数学家的关注，40多年来，魔方一直是数学家的玩具。

常见魔方为3阶，由26个小立方体构成一个大立方体，所有小立方体用弹簧和螺丝连接，同时可以保证每个立方体都以某种方式转动。魔方具有众多数学元素体现：

数学元素一“变化多”。数学家们对魔方情有独钟，在于魔方的“魔”力，虽然它只有26个小方块，但总变化数却可以达到4.3×10^{19}种。如果一秒可以转3下魔方，则需要4542亿年转出魔方所有的变化，这个数字是宇宙年龄的大约30倍。

数学元素二“上帝之数”。数学家们思考与挑战的是，任意组合的魔方的最小还原步数究竟是多少？这个最小还原步数被称为“上帝之数”。2010年7月，美国加利福尼亚州科学家通过每秒运行10亿次的大型计算机，证明任意组合的魔方均可以在20步之内还原，将“上帝之数”正式定为20。实际是科学家在“群论”数学理论指导下，足足花了15年时间才得到“上帝之数”的结果。15年破译“上帝之数”！

数学元素三“公式”。虽然上帝之数是20，但是如何具体操作还原魔方？在许多专家的研究下，如今人们已找到了魔方还原的119条公式，其中最著名是 CFOP 公式。目前常用的还原方法多数是基于 CFOP 公式完善和发展而来，一般有三种即分层法、角先法和棱先法。每种方法都是通过不同公式的组合操作实现的。

随着人们的热衷，魔方样式越来越多样化。传统魔方为阶次魔方，有二到七阶次，最常见是三阶魔方。还有许多变形魔方，如金字塔形魔方、非对称魔方、镜面魔方、连体魔方、爆炸性魔方等。

魔方游戏越来越盛行，2003 年世界魔方协会成立，同年魔方世界锦标赛重新开赛。这一次，世界范围再度掀起魔方热。截至 2023 年 7 月，世界魔方协会官方的确立比赛共有 17 个竞技项目①，例如常规的二阶到七阶速拧；还有许多刺激的单项，例如盲拧，即不用眼睛观看复原魔方。各种魔方的成绩在不断被刷新，不断被突破。

3阶魔方

粽子魔方

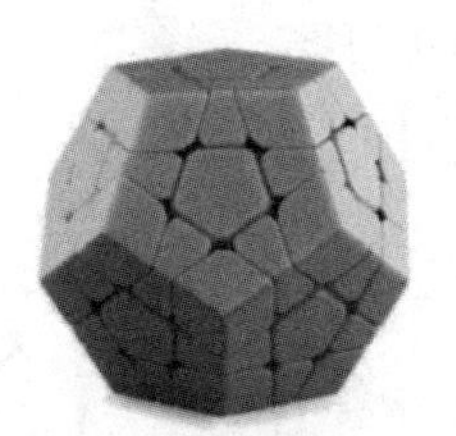

十二面体魔方

火柴棒游戏

火柴棒游戏很好玩也很有趣，首先给出用火柴棒搭成的算式或图案，发现数字、运算符号或图像变化的秘密，然后可以通过移动、加上或去掉火柴使数字或图像发生变化得到挑战的结果。

火柴棒游戏可以从数字和图形两个方面培养数学思维，是常用的一种思维锻炼题目。这里分享两道火柴棒游戏题目。

① 世界魔方协会［EB/OL］. https：//www. worldcubeassociation. org/.

题目 1：下图中，移动 2 根火柴棒，构成一个等式。

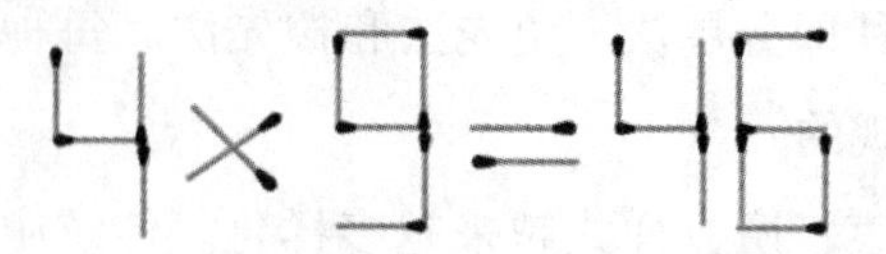

题目 2：下图中有 4 个正方形，移动 2 根火柴棒使正方形的数量变为 3 个。

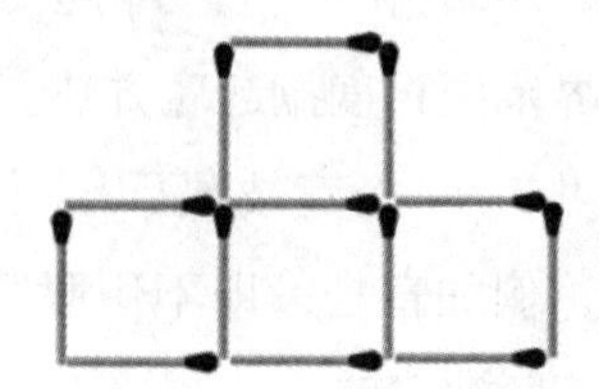

参考答案：

题目 1：

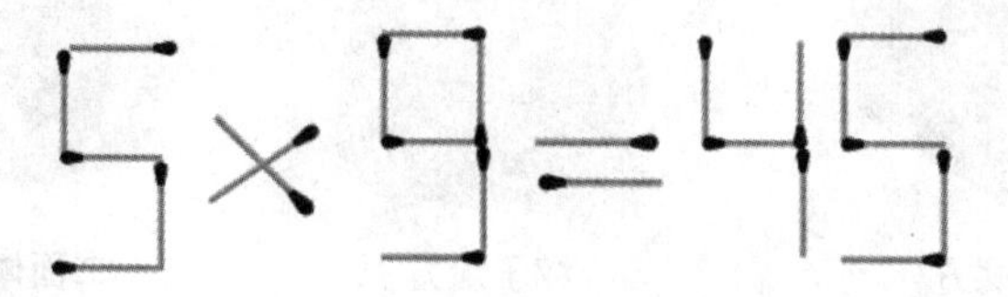

题目 2：

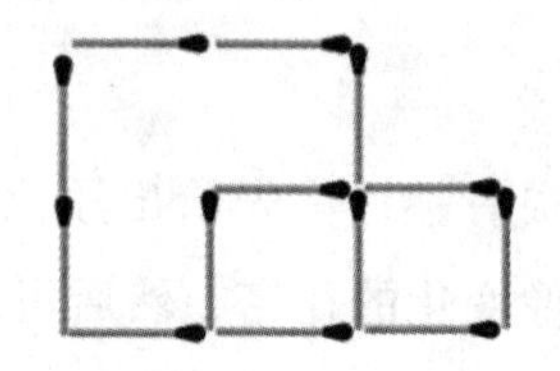

参考文献

［1］不锈钢设计：新加坡双螺旋步行桥［J］. 建筑技艺，2014（3）：118－119.

［2］陈德前. 寻找完全数［J］. 初中生学习指导，2019（2）：42－43.

［3］陈金法. 年轮——自然界的无字天书［J］. 百科知识，2011（7）：47－49.

［4］陈诗阳. 数理分析在建筑构图中的应用［J］. 南京工业大学，2013.

［5］陈益. 麻将起源与昆山叶子戏［J］. 江苏地方志，2023（1）：44－45.

［6］程钊. 图论中若干著名问题的历史注记［J］. 数学的实践与认识，2009（12）：73－81.

［7］崔恒刘. 数学奇才拉马努金［J］. 初中生世界，2021（12）：63.

［8］崔丽媛. 雅西高速公路：通向云端的“天梯”［J］. 交通建设与管理，2015（13）：34－35.

［9］邓硕，王献芬. 四色定理获证历程及对图论的影响［J］. 科技视界，2016（9）：125－126.

［10］窦红梅，窦孝鹏. 炎黄文化一绝——璇玑图［J］. 炎黄春秋，1993（7）：34－36.

［11］范琳，季畅. 企业管理模式——零库存管理［J］. 天津职业院校联合学报，2012（6）：89－90.

［12］改革开放简史［M］. 北京：人民出版社，中国社会科学出版社，2021.

［13］顾沛. 数学文化［M］. 北京：高等教育出版社，2018.

[14] 光影谱写百年征程 [EB/OL]. http://cpc.people.com.cn/n1/2021/0706/c64387-32149729.html, 2021-07-06.

[15] 郭鹤艺. 缔造"中国跨度" [J]. 交通建设与管理, 2013 (1): 44-45.

[16] 韩瑞. 蜷缩着睡觉, 猫有理 [J]. 数学大王 (中高年级), 2020 (11): 8-9.

[17] 胡顺奇, 白建勇. 统计: 揭示隐藏在数字背后的秘密 [J]. 中国统计, 2017 (1): 38-39.

[18] 建党以来重要文献选编 (1921—1949) 第二十二册 [M]. 北京: 中央文献出版社, 2011: 188.

[19] 江南. 分形几何的早期历史研究 [D]. 西安: 西北大学, 2018.

[20] 李约瑟. 中国科学技术史 [M]. 北京: 科学出版社, 1990.

[21] 刘心印. 纳瓦霍密码 答案在风中飘 [J]. 国家人文历史, 2014 (12): 129-132.

[22] 年轻干部要提高解决实际问题能力 想干事能干事干成事 [EB/OL]. http://jhsjk.people.cn/article/31887361, 2020-10-11.

[23] 朴京美. 数学维生素 [M]. 姜镕哲译. 北京: 中信出版社, 2006.

[24] 申芳芳, 张万里, 李德志. 植物叶序研究的源流与发展 [J]. 东北林业大学学报, 2006 (5): 83-86.

[25] 沈权民. 137.5°: 奇妙的植物黄金角 [J]. 科学24小时, 2010 (6): 25.

[26] 十八大以来重要文献选编 (中) [M]. 北京: 中央文献出版社, 2016: 473.

[27] 十九大以来重要文献选编 (上) [M]. 北京: 中央文献出版社, 2019.

[28] 十三大以来重要文献选编 (上) [M]. 北京: 中央文献出版社, 2011: 13.

[29] 史东林, 杨贤罡. 运动员的冷环境暴露: 风险因素、症状和应对

策略［J］. 北京体育大学学报，2021（12）：147－155.

［30］孙小礼. 关于莱布尼茨的一个误传与他对中国易图的解释和猜想［J］. 自然辩证法通讯，1999（2）：52－59.

［31］唐晓雯. “打印纸中的数学问题”探究活动的教学设计［J］. 上海中学数学，2021（Z1）：87－91.

［32］唐阅. 大多数井盖为何偏爱圆形？［J］. 数学大王（中高年级），2021（1）：13－15.

［33］王庚，张扬. 中国传统窗棂形制的历史流变与设计应用［J］. 设计，2022（2）：44－47.

［34］王丽华. 黄浦江上的明珠 上海东方明珠广播电视塔［J］. 中华建设，2017（6）：161－163.

［35］王荣. 黄金分割与音乐［J］. 民族音乐，2014（4）：71－72.

［36］王荣华. 黄金分割话养生［J］. 家庭医学，2013（8）：48.

［37］王社教. 中国古都故事［M］. 济南：齐鲁书社，2019.

［38］王玮. 无处不在的数学［M］. 广州：世界图书出版公司，2009.

［39］王艳，王艳东. 美妙的黄金分割［J］. 科技信息，2013（35）：115，157.

［40］吴国和. 蟋蟀的鸣叫与温度［J］. 辅导员，2012（8）：69，75.

［41］吴家睿. 打开“生命之书”——DNA 双螺旋发现 70 周年记［J］. 生命科学，2023，35（3）：347－351.

［42］吴军. 数学之美［M］. 北京：人民邮电出版社，2020.

［43］小欧拉改羊圈［J］. 新教育，2021（6）：61.

［44］徐品方. 寻找亲和数的艰辛岁月［J］. 数学通报，1999（6）：30，37－38.

［45］叶莉. 数学在建筑设计中的应用研究［J］. 科技资讯，2019，17（36）：245，247.

［46］易南轩，王芝平. 多元视角下的数学文化［M］. 北京：科学出版社，2007.

[47] 尹世昌，田峰．中关村的雕塑之光——《生命》[J]．中关村，2017（3）：108－109.

[48] 应振华．关于阴阳历及春节日期界定的研究[J]．陕西师范大学学报（自然科学版），1995（12）：68－70.

[49] 于海杰．奇妙的斐波那契数列[J]．赤峰学院学报（自然科学版），2014（8）：1－2.

[50] 于无声处听惊雷——中共一大百年回望[EB/OL]．https：//www.gov.cn/xinwen/2021－06/15/content_5618255.htm，2021－06－15.

[51] 张楚廷．数学文化[M]．北京：高等教育出版社，2000.

[52] 赵辉．从奥运建筑水立方看中国设计师在理念上的提升[J]．中华建设，2018（5）：110－111.

[53] 中国共产党第二十次全国代表大会文件汇编[M]．北京：人民出版社，2022.

[54] 中国共产党简史[M]．北京：人民出版社，中共党史出版社．2021.

[55] 朱永胜．植物与斐波那契数[J]．镇江高专学报，2006（1）：67－69.

[56] 最大素数有什么用？[J]．语数外学习（高中版上旬），2018（2）：61.

[57] Mandelbrot B. B. How long is the coast of Britain [J]. Science, 1967, 156 (3775): 636－638.